하버드 수학 박사의
슬기로운
수학 생활

보는 즉시 문제가 풀리는 '3초 수학'의 힘

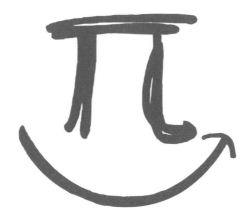

하버드 수학 박사의
슬기로운
수학 생활

크리스티안 헤세 지음 | 장윤경 옮김

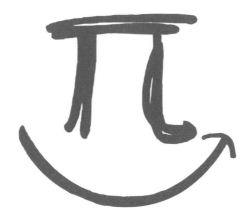

추수밭

한 그루의 나무가 모여 푸른 숲을 이루듯이
청림의 책들은 삶을 풍요롭게 합니다.

⊙

A와 H 그리고 L에게

온 세상이 내 편이라 하더라도,

당신들 셋이 나와 맞서 있다면

나에겐 아무런 희망도 없을 겁니다.

'수학의 캘리포니아'에 오신 것을 환영합니다

우선 이 책을 선택한 독자 여러분에게 축하의 말을 전하고 싶다. 분명 후회하지 않을 탁월한 선택이다. 이 책은 수학의 '시베리아' 지역과는 상당한 거리가 있기 때문이다. 이 책의 내용은 결코 '시베리아'가 아니다. 수학의 '시베리아'에서는 질척거리는 생각의 늪에 발을 담근 채 산더미 같은 논증 과정을 거쳐야만 할 텐데, 그렇게 되면 이 책은 지금보다 두 배나 두꺼워지는 데다 흥미 없는 내용들만 가득 차게 되었을 것이다. 개인적으로 나는 시베리아의 냉기를 좋아하지 않는다. 차가운 공기 속에선 쉽게 오한을 느끼기 때문이다. 그리고 무엇보다, 우리의 생각이 영구동토층처럼 꽁꽁 얼어 있는 걸 거부한다.

여기는 수학의 '캘리포니아'라고 할 수 있다. 실제로 이 책의 일부는 캘리포니아에서 집필되기도 했다. 부디 이 책을 읽는 독자들에게도 그곳에서 내가 글을 쓰며 느꼈던 경쾌하고 밝은 분위기가 전해지기를 바란다. 여름, 태양, 바닷가, 오픈카 그리고 이 책. 내가 책을 통해 전하고 싶은 기분 좋은 울림이 여러분에게 가닿기를 진심으로 바란다. 특히나 "나는 수학이 너무 어려워"라고 말하는 많은 이들에게 이 책이 조금이나마 따뜻한 위로가 되었으면 한다.

본격적인 이야기에 앞서 여러분에게 소개하고 싶은 사람이 있다. 그의 이름은 애슐리 브릴리언트Ashleigh Brilliant로, 그는 1960~1970년대 히피 운동의 출발지이자 히피 문화의 중심지였던 샌프란시스코 하이트애시버리Haight-Ashbury에서 거리의 철학자로 활동했다. 당시 그는 히피 정신을 몸소 실천하고자, 커다란 배 한 척을 빌려 '떠다니는 대학교'라 이름 붙이고는 마음이 맞는 사람들과 함께 무려 두 차례나 뱃사람처럼 세계를 떠돌아다녔다. 그 배에 몸을 실은 사람들은 무한한 평화를 누렸으며 사랑과 음악이 가득한 나날을 보냈다. 또한 다양한 경험을 통해 여러 방면에서 넓고 깊은 통찰력을 얻게 되었다. 그들은 매일같이 기나긴 토론을 벌이며 정신 수양을 거듭했고, 이곳저곳을 옮겨 다니며 배를 정박하고는 자신들의 생활양식을 널리 전파하면서 더 나은 세상을 만들고자 했다.

이제 80대에 접어든 히피 베테랑은 여전히 건강한 모습으로 캘리포니아 샌타바버라에 머물고 있다. 그는 지난 반세기 동안 자신이 쓴 수만 개의 잠언들로 수익을 얻으며 살아가고 있다. 평균적으로 그는 이틀에 한 번 꼴로 지혜가 담긴 격언을 써내곤 했다. 언젠가 《월스트리트 저널》은 그를 "역사상 유일무이한 전문 —풀타임— 격언 작가이자, 문장 하나로 살아갈 수 있는 독보적인 존재"라고 평하기도 했다. 지혜와 재기로 가득한 애슐리의 격언들은 절대 열일곱 단어를 넘지 않는다. 그는 일본의 정형시 중 하나인 하이쿠의 전통을 높이 평가했던지라 그 형식을 따르기 위해 스스로 글자 수를 제한했다. 지금까지 그가 격언이나 풍자시를 쓸 때 열여섯 개 이상의 단어가 필요한 경우는 거의 없었다. 혹시 모를 불가피한 상황에 대비하려는 여분으로 마지막 하나를 더 남겨두었을 뿐이었다.

지난 몇 년 동안 샌타바버라는 나의 정신적 고향이 되었다. 말하자면 제2의 고향이라고 할 수 있다. 2012년부터 나는 방문연구원 자격으로 세계 여러 지역에서 골고루 머물 기회를 누렸는데, 그 가운데 약 1년 동안 태평양 연안에 체류하며 일할 수 있었다. 캘리포니아 대학교 주변을 둘러싼 지적인 분위기는 다른 그어떤 곳보다 나의 연구에 상당한 영감을 주었다. 내가 샌타바버라에 있다는 소식을 들은 애슐리 브릴리언트는 나에게 자주 전화를 걸었고, 틈틈이 자신의 집에 초대해 주기도 했다. 그의 전화를 받고, 그의 집을 방문하는 일은 따뜻하고 호의 넘치는 의식과도 같았다. 바인 스트리트에 있는 그의 집에 들를 때면, 우리는 지난번에 만난 뒤로 서로에게 있었던 일들을 화제로 삼아 가볍게 담소를 나누곤 했다.

그러던 어느 날, 그는 당시 내가 구상하고 있던 책에 대해 물었다. 나는 그에게 책의 골자를 간단히 설명했고, 우리는 책상에 마주 앉아 브레인스토밍을 하며 새로운 아이디어를 끌어내기 시작했는데, 그게 바로 이 책의 시초다. 당시에는 '수학과 템포'라는 제목이었는데, 이해하기도 접근하기도 쉬운 문장을 고르다가 결국 그렇게 가제를 잡았었다. '수학과 템포'는 처음엔 빠른 암산을 위한 속성 과정으로 구성되어 있었다. 그래서 당시 우리는 '느리지 않게 계산하는 방법'이라는 부제를 붙이기도 했다.

그 뒤로 책이 완성되기까지는 꼬박 일 년이 걸렸다. 할 수 있는 한 최선을 다해 좋은 책을 펴내고 싶었기에, 생각보다 시간이 많이 들었다. 사실 이 책의 첫 구상은 그보다 훨씬 전으로, 처음 구상하고 나서도 두 번의 월드컵이 더 지나고서야 비로소 쓰기 시작할 수 있었다. 이 책을 집필하는 내내 나는 예상보다 훨씬 더 큰 재미와 흥미를 느끼며 책 속에 흠뻑 빠져 있었다. 만약 독자들이 이 책을 읽으며 느끼는 흥미와 쾌감이 내가 글을 쓰며 느꼈던 것의 절반 정도에 불과하다면, 여러분은 암산을 그저 숫자로 하는 스피드 데이트 정도로만 여길지도 모른다. 하지만 이 책을 제대로만 따라온다면, 그저 그런 연예인들의 흔해 빠진 공연보다 더 흥미진진한 이야기를 만나게 될 것이다.

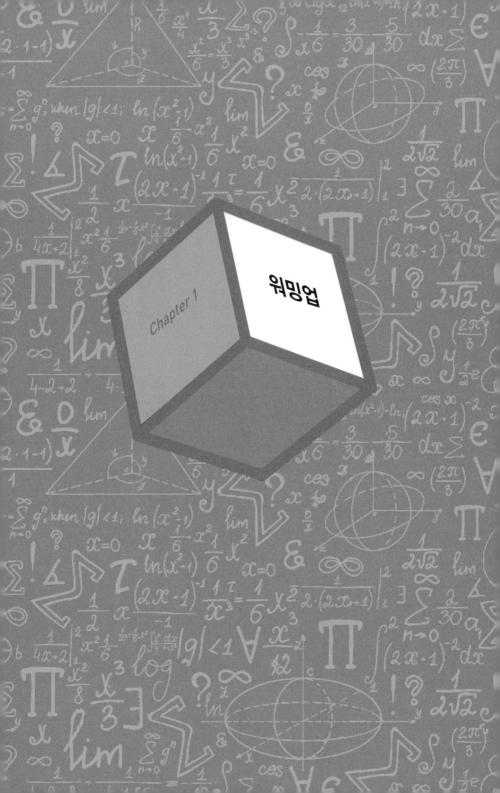

Chapter 1

워밍업

수학은 예술이다. 〈모나리자〉 같은 예술과는 거리가 있지만, 수학은 생각의 예술이다. 따라서 수학적 연산은 단순한 산술(셈법)이 아니며, 셈의 예술이라고 할 수 있다. 달리 표현하면 진정한 수학적 계산이란 깊은 사고를 통해 이루어지는 셈이며, 그 과정에서 더 풍성하고 폭넓은 사고가 뒤따르는 것이다.

누구나 가우스가 될 수 있다!

──────── Section 1 ────────

영리한 카를

카를 프리드리히 가우스Carl Friedrich Gauß의 어린 시절 이야기는 수학이 사고의 예술이라는 사실을 잘 보여주는 사례다. 훗날 역사를 통틀어 가장 위대한 수학자 중 한 명으로 꼽히게 되는 가우스는 어린 시절에도 남달랐다.

가우스는 1777년 4월 30일, 독일의 브라운슈바이크에서 태어났다. 그의 아버지는 정원사이자 벽돌공이었고 어머니는 주부였다. 가우스가 일곱 살이었을 때, 선생님은 반 학생들에게 1부터 100까지의 수를 모두 더해 보라는 문제를 냈다. 이 문제의 의도는 간단명료했다. 선생님은 학생들이 한동안 숫자에 몰두하기를 바랐을 것이다. 하지만 영리한 카를 프리드리히에게 그 시간은 몇 초에 불과했다. 그는 아주 짧은 시간 동안 생각을 하더니 5050이라는 수를 칠판 위에 적고는 교탁에 기대 "여기요!"라고 말했다.

가우스가 자신의 머릿속에 떠오른 사고 과정을 설명하는 동안 선생님은 그가 비상한 학생이라는 걸 알아챘다. 가우스는 어렸을 때부터 대단한 직관을 가지고 있었다. 그 뛰어난 직관 능력 덕분에 평생 동안 누구보다 비범한 사고를 할 수 있었다. 그럼 가우스는 어떤 방법으로 셈을 한 걸까?

그가 문제의 실마리를 푼 첫 번째 단계는 조금 복잡하다. 일반적으로 생각하는 것처럼 단순히 1부터 100을 차례로 더하지 않고, 1에서 100까지의 수를 두 번 더하는 방식으로 문제에 접근했던 것이다. 이처럼 영민한 사고법을 동원한 가우스는 머릿속으로 수들을 다음과 같이 나열했다.

1 +	2 +	3 +	4 +	⋯ +	98 +	99 +	100
100 +	99 +	98 +	97 +	⋯ +	3 +	2 +	1

이렇게 1에서 100까지의 수를 한 차례 나열하고 그 아래에는 거꾸로 100부터 1까지를 차례대로 놓고는, 가로로 더하는 대신 세로로 셈을 했다. 이 수들을 세로로 더하게 되면 각각의 합은

모두 101이 된다. 이러한 발상의 전환으로 연산을 단순화한 덕분에, 그는 세로줄의 합 100개를 굳이 모두 더할 필요가 없었다. 세로로 더한 합 101에 100을 곱하면 10100이 나오고, 이는 1부터 100까지를 더한 합의 두 배가 된다. 애초에 1에서 100까지의 수를 두 번 나열해서 더했기 때문이다. 그래서 이를 절반으로 나눈 값이 5050이다.

보다시피 문제를 두 배로 복잡하게 만들었는데 오히려 풀기가 훨씬 쉬워졌다. 수학에서는 희한하게도 어렵고 까다로운 문제들이 쉬운 문제보다 더 간단하게 해결되는 경우가 많다. 흔히 광범위하고 일반적인 문제가 더 풀기 어려울 거라 생각하지만, 실제로 커다란 문제들은 근본적인 관점을 틀어주기만 해도 풀리는 경우가 많으며 그로 인해 소소한 다른 문제들까지 덤으로 해결되기도 한다. 그래서 대개 보편타당한 명제일수록 지엽적인 명제보다 수월하게 증명되곤 하는데, 이는 수학에서도 마찬가지다.

수학자 포여 죄르지George Pólya는 이러한 현상을 '발명가의 역설'이라 칭했다. 그는 자신의 경험에 비추어 발명가의 역설을 설명했다. 발명가는 복잡하고 까다로운 과제일수록 더 많은 아이디어와 실험 정신을 쏟게 마련이다. 그래서 이런 복잡한 과제가 작고 평범한 문제보다 오히려 별다른 어려움 없이 간단하게 해결되기도 한다. 복잡하고 커다란 문제일수록 세부적인 것에 매달리기보다 큰 틀을 건드리기만 해도 문제의 실마리가 풀리기 때문에, 죄르지가 언급한 발명가의 역설이 가능한 것이다. 그러니 겉으로 보기에 불가능한 일을 실현 가능하게 만들고 싶다면 다음의 조언을 참고해 보는 건 어떨까.

무언가를 해낼 수 없을 것 같을 때는, 한 번 더 시도해 보자. 지금 서 있는 곳을 벗어나 다른 방향에서, 조금 더 시야를 넓혀 광범위하게, 좀더 어려운 방식으로 돌파구를 찾아보자. 그러면 문제는 생각보다 더 쉽게 풀릴 것이다.

여러분의 인생에도 이와 비슷한 경험이 있을 게다. 내 인생의 노하우를 살짝 풀어보자면, 개인적으로 나는 생수통 한 상자를 드는 것보다 차라리 두 상자를 드는 게 더 가볍게 느껴진다. 그래야 균형이 맞기 때문이다. 꼬마 가우스의 아이디어와 내가 생수 상자를 드는 방식은 일맥상통한다. 가우스는 수를 두 배로 더하면서 노력을 배로 들였고, 두 배로 더해진 수가 균형을 이룬 덕분에 훨씬 가뿐하게 셈을 다룰 수 있었다. 열 살도 안 된 어린 나이 때부터 이미 뛰어난 사고력을 보인 카를 프리드리히는 이후 위대한 사상가이자 수학자가 되어 우리 역사에 엄청난 영향력을 미치게 된다. 참 멋지지 않은가? 여러분도 가우스처럼 뭔가 기발하고 똑똑한 사고를 해 보고 싶지 않은가?

그렇다면 여러분은 지금 탁월한 선택을 한 것이다. 수학, 그리고 더 넓은 의미에서 과학이라는 학문은 우리를 만족시키기에 충분하다. 더 깊고 풍요로운 수학적 사고에 관심이 생기기 시작했다면, 지금부터 차근차근 한 걸음씩 나아가 보도록 하자. 나 역시 여러분의 지적 호기심을 채워 주기 위해 단단히 준비되어 있다. 혹시 모를 부담감이나 다른 걱정들은 다 내려놓고 편안한 마음으로 시작해 볼까 한다. 나 혼자서가 아니라 이 책을 읽는 여러분의 보조에 맞춰서, 더불어 해나갈 것이다. 이 책의 페이지마다 우리가 함께 할 수 있는 매력적이고 흥미로운 내용들이 촘촘하게 들어차 있으니, 여러분은 그저 천천히 수학에 마음을 열기만 하면 된다.

두 배의 가우스

자, 이제 천천히 길을 떠나 보자. 먼저 간단한 워밍업을 위해, 깜짝 테스트를 하나 해 볼까 한다. 질문은 다음과 같다. 앞서 가우스가 계산했던 방식으로, 구구단표에 있는 모든 수들을 다 더하려면 어떻게 해야 할까? 정확히는 구구단이 아니라 1부터 10까지의 곱셈표인데, 가로와 세로가 각각 열 칸인 곱셈표에 들어 있는 값들을 가우스의 방식으로 모두 더해 보는 것이다. 알기 쉽게

1	2	3	4	5	6	7	8	9	10
2	4	6	8	10	12	14	16	18	20
3	6	9	12	15	18	21	24	27	30
4	8	12	16	20	24	28	32	36	40
5	10	15	20	25	30	35	40	45	50
6	12	18	24	30	36	42	48	54	60
7	14	21	28	35	42	49	56	63	70
8	16	24	32	40	48	56	64	72	80
9	18	27	36	45	54	63	72	81	90
10	20	30	40	50	60	70	80	90	100

표현하면, 위의 표에 들어 있는 수를 모두 더하라는 것이다.

분명 잘할 수 있을 거라 믿는다! 물론 여러분은 혼자서도 잘 풀어내겠지만, 이번에는 워밍업이니만큼 같이 풀어 보기로 하자.

맨 첫 줄에는 1부터 10까지의 수가 채워져 있고, 둘째 줄에는 1~10의 두 배가 되는 수들이 나열되어 있으며, 셋째 줄에는 1~10의 세 배가 되는 수들이 놓여 있다. 그런 방식으로 마지막 열째 줄에는 1~10의 열 배인 수들이 적혀 있다.

그렇다면 가우스의 방식대로, 첫 줄에 있는 수들의 합은 10×11의 절반인 55가 된다. 둘째 줄의 모든 수가 첫째 줄의 두 배이므로, 이를 모두 더한 합은 첫 줄의 합인 55의 두 배 2×55이다. 셋째 줄은 3×55라는 것을 알 수 있고, 이를 일반화하면 n째 줄에 있는 수를 모두 더한 합은 55의 n배, 즉 $n \times 55$가 된다.

이런 식으로 각 줄의 합을 얻어 열 줄의 합을 모두 더하면, 그 값은 55의 (1+2+3+ … +10)배가 될 것이다. 그런데 이때 괄호 안에 있는 수의 합은 앞서 계산했던 대로 55이다. 우리는 방금 꼬마 가우스의 방식을 거듭 적용한 것이다. 그 결과 위의 표에 있는 모든 수의 합은 55×55=3025라는 답이 나온다.

마지막 곱셈의 결과는 내 머릿속에서 3초가 되기도 전에 번쩍 하고 떠올랐다. 두 자리 수의 제곱을 빠르게 암산해내는 요령을 이미 알고 있기 때문이다. 여러분도 이 책을 읽다 보면 그 비법을 알게 될 것이다. 이 책의 곳곳에는 다양한 암산 비법들이 두루 담겨 있으며, 두 자리 수의 제곱도 그 가운데 하나다.

나는 아주 복잡하고 어려운 계산들을 눈 깜짝할 새에 머릿속으로 풀어내는 일, 특히나 아무 도구도 없이 온전히 두뇌 하나로만 해결하는 일에 엄청난 매력을 느낀다. 가령 271 같은 세 자리 수를 계산기나 필기도구 없이 오직 머릿속으로 제곱할 수 있다면 얼마나 끝내주겠는가? 게다가 암산을 하는 데 7초도 걸리지 않는다면 아주 큰 희열이 느껴질 것이다. 또 396×178처럼 복잡한 곱셈을 단 몇 가지 기법으로 깔끔하게 해결할 수 있다면, 또는 2134215처럼 커다란 수를 단숨에 9로 나눌 수 있다면, 아니면 19의 역수를 소수점 아래 스무 자리까지 줄줄이 늘어놓을 수 있다면 어떨까? 나아가 크리스마스이브나 한 해의 마지막 날 또는 누군가의 생일처럼 특별한 날들의 정확한 요일을 달력 없이도 알아맞혀서 주변 사람들을 놀라게 한다면 얼마나 재미있을까? 이 모든 비법들이 이 책 안에 고스란히 담겨 있다.

그렇다면 '수'란 무엇일까? 다른 건 몰라도 한 가지는 분명하다. 우리가 사는 온 세상이 수로 뒤덮여 있다는 사실이다. 물론 숫자가 항상 우리와 함께 한 것은 아니다. 인류가 시작될 무렵에는 숫자가 존재하지 않았다. 숫자는 인간이 발명한 것이다. 인류의 역사에서 숫자의 발명만큼 위대하고 의미 있는 일은 없을 것이다. 숫자는 인간의 사고가 이룩해 낸 업적의 정점이며, 그만큼 압도적인 영향력을 가진 발명도 없을 것이다.

수와 수들 사이의 계산은 우리의 삶과 동떨어져 있지 않다. 셈과 수는 언제 어디에서나 우리 곁에 있다. 보통의 일상 속에서도 빠르게 계산해야 할 계기는 도처에 널려 있다. 하지만 계산기나 스마트폰 또는 암산 능력자들이 언제나 우리와 가까이 있는 건 아니다. 이때 어린 가우스처럼 기발한 암산 방법을 쓸 수 있다면, 길고 지루한 계산에 쓸데없이 오랜 시간이 걸리지 않을 것이다. 다행히도 쉽고 빠른 암산 기법들은 셀 수 없이 많다. 그리고 그 수많은 암산 기법들의 이면에는 마법과도 같은 신기한 아이디어가 숨어 있다. 이 책은 그런 암산법들을 소개하려 한다. 이래도 되나 싶을 정도로 아주 빠른 암산 요령들에 놀랄 것이다. 더불어 이 책에서 습득한 암산 기법은 여러분의 사고방식에 작지 않은 영향을 줄 것이다. 대부분의 암산 요령들은 지적으로 풍부한 사고를 가능하게 해 주기 때문에, 특히 학생들이 공부하는 데도 큰 도움이 될 것이다.

더 신나는 일도 있다. 단조롭고 지루한 계산을 간략하게 하기 위해 가우스는 스스로 아이디어를 떠올리고 다듬어 요령을 개발해 냈지만, 이 책을 읽는 독자들은 굳이 자신만의 암산 방법을 만들 필요도 없고 심지어 어떻게 그런 기술이 가능한지 이론적으로 완벽하게 이해할 필요도 없다. 다시 말해 이 책에서 소개하는 암산 기법들이 작동하는 원리를 깊고 넓게 증명하지 않아도된다. 고대 그리스와 로마 그리고 바빌로니아에 살았던 똑똑한 사람들이 우리를 위해 벌써 오래 전에 다 증명해 놓았기 때문이다. 여러분은 그저 기술을 빠르고 능숙하게 사용하는 방법만 익히면 된다. 우리는 아무런 부담 없이 이 책에 등장하는 마법 같고 신기한 기법들을 따라가기만 하면 된다. 복잡한 계산을 단순화하고, 계산의 모든 과정을 가볍고도 빠르게 만드는 기술에만 집중하면 되는 것이다. 그러다 보면 수학자들의 명쾌한 논증 방법에 이따금 놀라기도 할 것이다.

그렇게 암산의 기술적인 면만 습득해서 실생활에 응용하기만 해도 유익하겠지만, 암산 기법에 숨겨진 아이디어와 수학적 사고에 흥미가 있는 독자들도 염두에 두었다. 그래서 새로운 암산을 소개할 때마다 각각의 요령에 담긴 원리와 의미를 살펴볼 참이다. 또 그런 방법이 생겨난 배경과 관련된 수학자들도 함께 짚고 넘어갈 것이다. 그런 점에서 이 책은 암산 능력을 최대치로 높이고 싶은 사람들뿐 아니라, 기발한 아이디어들을 실제로 적용해 보고 싶은 사람들, 그리고 그 아이디어들을 자세히 탐구해 보고 싶은 이들에게도 도움이 될 것이다. 여러분이 어느 쪽에 속하든 상관없이, 이 책은 모두에게 신선한 자극이 되리라 자부한다.

이보다 더 빠른 수학은 없었다

아직도 이 책의 내용이 유용할지 의심스럽다면, 테스트를 한번 해 보자. 간단한 수 두 개를 준비했다. 18×11은 얼마인가?

위의 곱셈을 보자마자 자연스럽게 학교에서 배웠던 곱셈 방식을 떠올리며 필기도구를 꺼내려 할지도 모르겠다. 하지만 나는 그런 방식으로 문제를 풀지 않으며, 이 책에서 소개할 연산법들도 학교에서 가르치지 않는 기법들이 대부분이다. 18과 11을 곱하려면, 먼저 18을 이루는 두 숫자 1과 8을 더하고, 여기서 나온 값 9를 숫자 1과 8 사이에 적어 넣는다. 그걸로 끝이다. $18 \times 11 = 198$.

너무 쉽지 않은가? 어떤 두 자리 수에 11을 곱할 때는 언제나 통하는 방법이다. 이 요령조차 쉽고 간단하게 느껴지지 않는다면, 나로서도 더는 어쩔 도리가 없다! 그런 분에게는 이 책이 별 쓸모가 없을 것이다. 하지만 위의 곱셈을 보면서 수학에 슬슬 흥미가 붙기 시작했다면 다음으로 넘어가 보자. 방금 풀어 본 것처럼 11과 곱하는 계산이 등장하는 간단한 마술을 하나 준비했다.

마법을 부리는 수학

함께 숫자 놀이를 할 사람과 쪽지 한 장만 있으면 마술사가 될 수 있다. 지금부터 같이 마술을 시작해 보자.

① 먼저 종이 한 장을 준비한 다음, 그 위에 열 개의 가로줄을 긋고 각 줄에 1부터 10까지 차례로 번호를 매겨 보자. 사람들에게는 한 줄에 수 하나씩을 적어 나가게 될 것이라고 알려준다.

② 미리 밀봉된 편지 봉투를 준비해서, 우리가 열째 줄에 적을 수를 아홉째 줄에 적을 수로 나눈 몫을 소수점 둘째 자리까지 계산한 값이 그 안에 적혀 있다고 사람들에게 말한다.

③ 이제 한 자리 수 가운데 무작위로 두 개의 수를 생각해 보자. 그렇게 떠오른 수를 첫째 줄과 둘째 줄에 적어 보자. 각각 다른 사람에게 한 개씩 말하게 해도 좋을 것이다.

④ 셋째 줄부터는 위의 두 줄에 적힌 수를 더한 값을 적는다.

첫째 줄과 둘째 줄에 적은 수의 합을 셋째 줄에, 둘째 줄과 셋째 줄에 적은 수의 합을 넷째 줄에, 그렇게 차례로 셈을 하여 열째 줄까지 적어 넣으면 끝이다.

⑤ 앞에서 말했던 대로 열째 줄의 수를 아홉째 줄의 수로 나눈 몫을 확인하고, 봉투 안에서 1.61이라는 수가 적힌 종이를 꺼내 보이는 것으로 마무리한다.

이 기술을 선보이면 아마 대부분의 사람들은 깜짝 놀랄 것이다. 맨 처음 고른 두 개의 수가 무엇이든 상관없이, 이렇게 두 수씩 더한 값을 차례로 써 나간 뒤에 열째 줄의 수를 아홉째 줄의 수로 나눈 몫을 소수점 둘째 자리까지 계산해 보면 언제나 1.61이다.

이런 결과는 '피보나치 수'의 특징과 관련이 있다. 이탈리아의 수학자 레오나르도 피보나치Leonardo Fibonacci가 고안한 피보나치 수는 0과 1로 시작하며, 그 다음부터는 앞의 두 수를 더한 값이 이어진다. 0, 1, 1, 2, 3, 5, 8, 13, … 이렇게 이어지는 수를 피보나치 수라 부른다. 각각의 피보나치 수를 바로 앞에 놓인 수로 나눈 몫은 수가 커질수록 1.618…에 가까워진다. 이른바 '황금 비율'이라 불리는 이 수는 원주율(π)만큼이나 유명한 소수다.

한 가지 비밀이 더 있다. 일곱째 줄에 적힌 수를 눈여겨보자. 여기에 적힌 열 개의 수 모두를 더한 합은 일곱째 줄에 적힌 수의 11배다. 정말로 그런지 앞에서 배운 11로 곱하는 암산법을 활용해 확인해 보자.

찰리 가우스 인 더 하우스

가우스의 이야기를 마치면서, 숫자들의 합으로 이루어진 도전 과제를 하나 준비했다. 앞에서 우리는 어린 가우스의 이야기를 통해 1부터 100까지의 모든 수를 빠르게 더하는 방법을 배웠다. 가우스와 함께 워밍업을 충분히 했다면, 이제 한 단계 높은 수준의 문제도 그리 어렵지 않을 것이다. 그럼 다음의 질문에 답을 해 보자.

1부터 100까지의 모든 '숫자'들을 합하면 얼마가 될까?

맨 처음 소개했던 가우스의 문제와 헷갈리면 안 된다. 1부터 100까지의 수를 모두 더하는 과정은 이미 해 보았다. 여기에서 말하는 '숫자'의 합은, 각 수의 자릿수를 무시하고 각 자리에 있는 수들을 서로 별개의 한 자리 수로만 따지자는 뜻이다. 예컨대 53에서 각 숫자의 합은 8이다. 이런 방식으로 나오는 숫자의 합 100개를 모두 더하라는 것이다. 그렇다면 이제 무엇을 어떻게 풀어야 할까?

즐거운 마음으로 숫자들을 하염없이 더할 수도 있다. 땅거미가 질 때까지 숫자를 일일이 더해도 답은 나올 테니까. 하지만 오랫동안 계산을 붙들고 있다 보면 답이 채 나오기도 전에 그 즐거움이 차차 사라질 게 뻔하다. 어린 가우스의 번뜩이는 아이디어를 본보기로 삼아, 다른 방법을 찾아보는 건 어떨까. 가우스처럼 수들을 묶어서 계산하면, 저녁이 되기 전에 얼른 끝내 놓고 여유로운 오후를 보낼 수 있을 것이다. 그 방법은 다음과 같다.

먼저 100을 제외한 아흔아홉 개의 수에 0을 추가하여, 아래와 같이 둘씩 묶어 준다. 어차피 0은 덧셈에 아무 영향을 주지 않으므로 결과는 같다.

$$(0, 99), (1, 98), (2, 97), \cdots (49, 50).$$

이렇게 묶으면 50쌍의 수가 나오는데, 각 괄호 안의 '숫자'들을 합하면 모두 18이다. 이 묶음에는 100이 빠져 있으므로, 마지막에 100의 각 자리에 있는 수를 더한 합 1을 따로 더해 줘야 한다. 따라서 1부터 100까지의 모든 '숫자'들을 합하면, $(50 \times 18)+1=(100 \times 9)+1=901$이 나온다.

지금까지 살펴본 대로 빠른 속도로 수학을 다루면 시간을 절약할 수 있다. 하지만 빠른 암산으로 시간을 얻게 되면 우리에게 돌아오는 것은 무엇일까? 주나라의 10대 왕인 여왕厲王이 내놓은 〈문제 해결을 위한 열 가지 전략〉 가운데 하나를 나는 늘 마음에 새기고 있다.

어려운 과제를 훌륭한 해결책으로 풀어내고 난 뒤에는 스스로에게 시원한 술 한 잔을 선사해도 좋다.

내 인생의 모토도 이와 비슷하다. 생각하라 그리고 마셔라!

이제 본격적으로 시작해 보자! 우리의 출발에 건배를 건넨다. 하지만 한 잔 이상은 마시지 않기를 바란다. 아직 제대로 뭔가를 생각하지도 않았으니, 우선 사고 활동을 조금 더 활발히 한 다음에 그때 가서 마셔도 좋다.

칵테일 '더블 레인보' 만들기 [TIP]

빠른 암산과 느린 칵테일은 절묘하게 어울린다. 칵테일은 우리의 사고 체계와 신체의 오감에 미세한 자극을 준다. 칵테일을 마시면 머리와 몸이 시너지를 일으킨다. 암산과 칵테일이 조화를 이루게 되면, 빠르고 어렵기만 했던 수학은 쉬운 맛이 날 것이고 느리게 만든 음료는 차츰 혓속에서 녹아 천천히 사라질 것이다. 이 책에 온전히 발을 들일 준비가 되었다면, 지금 우리에게 제일 잘 어울리는 칵테일 한 잔에 빠져보는 건 어떨까. 우리의 첫 발걸음을 기념하며 '더블 레인보'를 소개할까 한다. 더블 레인보는 내가 자정 무렵에 가끔 즐

겨 마시는 칵테일이기도 하다.

• 재료 •

오렌지 과즙 2, 레몬 과즙 1, 석류 시럽 3방울, 소다수 1, 야마자키 12년산 위스키(청소년용이라면 소다수), 무지개 빛깔 얼음 조각

• 만드는 방법 •

① 무지개 색 얼음 만들기: 딸기(빨강), 복숭아(주황), 파인애플(노랑), 키위(초록), 블루베리(파랑), 블랙베리(보라) 등 다양한 색의 과일을 골라 즙을 내고, 각각의 과즙을 레모네이드 같은 탄산음료와 섞어 냉동실에서 얼린다.

② 미리 차갑게 해둔 컵에 여러 색의 얼음 조각을 골고루 채우고, 준비해둔 오렌지 과즙과 레몬 과즙 그리고 위스키(또는 소다수)와 얼음 조각 세 개를 셰이커에 담아 잘 흔든 다음 얼음을 채운 컵에 따라 준다. 여기에 석류 시럽을 첨가한다.

야마자키 12년산은 일본산 위스키로, 부드럽고 상큼하며 과일향이 풍부하게 느껴진다. 살구와 복숭아 향을 떠올리게 하는 풍미가 있다. 야마자키 12년산으로 칵테일을 만든다면 잔에 담기 전에 위스키 고유의 우아한 향을 맡아 볼 것을 권한다.

나는 야마자키의 풍부한 과일 향을 맡으면 머릿속에 어떤 장면 하나가 떠오른다. 몇 년 전 일본을 방문해 도쿄에 머물며 몹시 분주한 일상을 보내던 때였다. 어느 날 벚나무가 가득한 공원을 걸으며 잠시나마 마음의 여유를 누릴 수 있었는데, 야마자키의 향은 그날 내가 느꼈던 아늑함을 떠올리게 한다. 나뭇가지 사이로 떨어지던 햇살과 그 빛이 만들어 낸 오묘한 그림자들. 무엇보다 그 공원 안에 세워진 금속 설치물이 선명하게 기억난다. 누군가 자신의 절망감을 드러내고자 설치해 둔 그 조형물은 파랑과 빨강으로 덧칠이 되어 있었는데, 의도가 어찌되었든 분명 예술 작품처럼 보였다. 그때 나는 근처 어딘가에서 흐르는 시냇물 소리를 들으며 그곳에 모인 몇몇 사람들을 바라보았다. 그들은 세상을 떠난 이들을 기리며 조문록에 뭔가를 적어넣고 있었다.

일본에서는 모든 칵테일마다 이야기가 하나씩 담겨 있다. 그래서 하이쿠를 읊듯 야마자키 12년산에 담긴 내 이야기를 간략한 시구처럼 표현해 보았는데, 그때의 내 감상이 잘 전달되었을지….

연산은 어떻게 시작되었는가?

인류는 언제부터 계산을 하기 시작했을까? 인간이 얼마나 오랫동안 셈을 해왔는지 정확하게 알려진 바는 없다. 그러나 분명한 사실은 하나 있다. 숫자나 기호 같은 상징적인 표지로 계산을 하기 이전에, 우리 인간은 이미 구체적이고 실질적인, 예컨대 손가락 같은 대상들을 사용해서 셈을 했다는 것이다.

손가락 주판

고대 그리스와 옛 페르시아 그리고 이집트의 파라오 시기 때부터, 인간은 손가락으로 그저 수를 세기만 한 게 아니라 두 수 사이의 계산을 하기도 했다. 로마제국 때는 손가락 계산법이 벌써 전성기를 한참 지나, 새로운 단계로 넘어갈 만큼 발전되어 있었다. 손가락 계산법은 특히 상인들에게 유용하게 활용되었다. 손가락 셈법의 자세한 규칙은 기록으로 남겨진 것이 거의 없지만, 실질적인 활용법이 대대로 물려 내려왔다.

손가락으로 수를 세고 계산을 하는 규칙이 기록된 첫 문헌은 베네딕트회의 수도사였던 베다 베네라빌리스Beda Venerabilis(673~735)가 쓴《시대의 계산에 대하여De temporum ratione》인데, 그는 이 책에서 날짜와 요일을 계산하는 방법에 집중했고 특히 부활절 날짜를 계산하는 데 상당한 노력을 들였다. 우리에게 피보나치라는 이름으로 더 익숙한, 이탈리아 연산의 대가 레오나르도 디 피사Leonardo di Pisa(대략 1170~1240) 역시 1202년에 펴낸《산술서Liber Abaci》에서 손가락을 활용한 다양한 계산법을 소개했다. 전성기를 구가하던 손가락 계산법은 인도—아라비아 수체계가 점진적으로 확산되고, 더 간단한 계산 방법들이 생겨나면서 차차 밀려나게 되었다.

17세기 초부터는 5×5까지의 곱셈을 단번에 해내는 것이 그리 낯선 풍경이 아니었다. 우리에게 익숙한 구구단 표의 5단까지가 대중들에게 널리 전파된 덕에 5까지의 곱셈은 쉬운 편에 속했다. 하지만 그보다 더 큰 수를 곱하려면 손가락을 동원해야 했다. 오늘날 프랑스나 러시아의 몇몇 농촌 지역에는 중세 후기 무렵 이탈리아에서 성행하던 손가락 계산법을 사용하는 사람들이 여전히 남아 있다. 이들이 사용하는 손가락 주판은 '게으른 계산법regula ignavi'이라 불리는데, 이 규칙을 익히면 6부터 10까지의 수를 쉽게 곱할 수 있다. 그 방법은 다음과 같다.

① 먼저 양손을 펼치고, 각각 곱하려는 수에서 5를 뺀 수만큼 손가락을 편다. 예를 들어 8×6을 한다면, 왼손은 손가락 세 개(8-5)를 펴고 오른손은 손가락 하나(6-5)를 펴는 것이다.

② 이제 10의 자리부터 계산을 하는데, 양손이 펴고 있는 손가락이 표시하는 수가 바로 곱셈값의 10의 자리다. 왼손 세 개와 오른손에 한 개의 손가락을 모두 더하면 4이므로, 이 수가 8×6의 10의 자리가 된다.

③ 여기에 1의 자리 수를 더해야 하는데, 양손에 접혀 있는 손가락 개수를 곱한 값이 1의 자리로 간다. 왼손엔 두 개, 오른손엔 네 개의 손가락이 접혀 있으므로 $2 \times 4 = 8$. 따라서 ②에서 찾은 40에 더하면 $8 \times 6 = 48$이 나온다.

1에서 10까지의 수를 9로 곱할 때는, 놀랍게도 손가락 하나로도 끝낼 수 있다. 7과 9를 손가락으로 곱하는 경우를 생각해 보자. 손바닥이 위로 향하도록 두 손을 쭉 뻗어 나란히 놓고, 왼쪽 엄지에서부터 1이라고 생각하고 일곱번째에 해당되는 오른손 약지를 접는다. 7×9의 값은 이미 당신의 열 손가락에 나와 있으니, 이제 읽기만 하면 된다. 접혀 있는 손가락을 경계로 왼쪽을 10의 자리, 오른쪽을 1의 자리로 여기면 된다. 접혀 있는 오른손 약지를 기준으로 왼쪽에는 여섯 개의 손가락이 있고 오른쪽에는 세 개의 손가락이 보일 테니 답은 63이다. 9를 곱하는 건, 손가락 계산을 시작하는 초급자들에게 아주 적합한 계산법이다.

능숙한 손놀림을 위한 고급 단계

손가락 주판은 10 이상의 두 수를 곱하는 데도 적용할 수 있다. 먼저 10, 11, 12, 13, 14, 15 가운데 두 수를 곱하는 방법을 살펴보자.

① 곱하려는 두 수에서 각각 10을 빼준 다음, 위에서 했던 것처럼 빼고 남은 수만큼 양손가락을 펴고 나머지 손가락은 접는다. 13과 12를 곱한다면, 왼손은 세 개 그리고 오른손은 두 개의 손가락을 펴게 된다.

② 곱셈의 값은 펴고 있는 손가락만으로도 충분하다. 양손이 펴고 있는 손가락 개수를 합한 수(3+2=5)는 10의 자리가 되고, 곱한 수(3×2=6)는 1의 자리가 된다. 하지만 이게 끝은 아니다.

③ 마지막으로 100을 더해야 한다. 처음 각각의 수에서 10을

빼기 때문이다. 그러면 13×12=156이라는 결과가 나온다.

이제 범위를 조금 넓혀 16×16부터 20×20까지 손가락으로 셈하는 방법을 알아보자.

① 이번에는 각각의 수에서 15를 뺀 만큼 양손가락을 펴면 된다. 예를 들어 17과 18을 곱한다면, 왼손은 두 개, 오른손은 세 개의 손가락을 편다.

② 10~15를 셈할 때는 나온 값에 100을 더했다면, 16~20 사이의 수를 곱할 때에는 200을 더한다.

③ 여기에 펴고 있는 손가락을 더한 수(2+3=5)에 20을 곱한 값과 양손이 접고 있는 손가락의 곱(3×2=6)을 차례로 더한다. 그렇게 손가락으로 구한 17×18의 답은, 200+(5× 20)+6=306이 나온다.

우유 짜는 소녀의 계산   TIP

안나 슈나지히Anna Schnasig는 목장에서 젖을 짜는 일을 했다. 그녀는 낙농 도매업자인 카를 볼레Carl Bolle에게 고용되어 있었는데, 볼레는 안나 외에도 수많은 우유 짜는 소녀를 고용하고 있었다. 안나를 비롯해서, 사람들에게 '볼레의 우유짜는 소녀들'이라 불린 그들은 18세기 말 무렵 베를린 시내를 돌며 갓 짜낸 신선한 우유를 팔았다.

유독 계산을 어려워한 안나는 구구단도 5단까지만 겨우 할 수 있었고, 그걸 아는 손님들에게 속아 넘어가 손해를 보는 일이 잦았다. 그랬던 안나가 슈프

레발트로 휴가를 다녀온 이후 완전히 달라졌는데, 휴가지에서 만난 누군가로부터 손가락을 이용한 곱셈 기술을 배운 뒤로 자신감을 얻어 누구보다 확실하게 셈을 해내게 된다. 안나는 새로 배운 기술에 통달한 덕에 볼레가 운영하는 기업에서 회계 업무를 맡게 되었고 나중에는 부장으로 승진하기까지 한다. 그 당시부터 수학적 지식은 우리 인생에 큰 보탬이 되었던 것이다.

이런 효과는 오늘날에도 여전히 유효하다. 수학은 우리 인생에 더 많은 것을 가져다준다. 실제로 한 연구에 따르면, 수학적 능력은 소득 수준, 성공적인 직장 생활 등과 밀접한 관계가 있다고 한다. 수학에 대한 지식이 높을수록 소득과 직업적 성공에 긍정적인 영향을 미친다는 것이다. 더 나은 삶을 살고 싶다면 내가 소개하는 여러 조언들을 마음에 깊이 새기기를 바란다. 우유 짜는 소녀뿐 아니라 여러분에게도 더 나은 삶이 열릴 수 있다.

어떤 언어학자들은 '우유 짜는 소녀의 계산'이라는 관용구가, 위에서 소개한 베를린 소녀의 단순한 계산법에서 유래했을 것이라 추정한다. 이 말이 오늘날까지 이어져, 일반적으로 '우유 짜는 소녀'라고 하면 너무 순진해서 자신의 공상과 계산이 얼마나 허망하며 이루어질 수 없는지를 깨닫지 못하는 경우를 가리키곤 한다는 것이다. 하지만 그건 우유를 짜던 베를린 소녀의 단면만을 빗댄 것이다.

다른 언어학자들은 프랑스의 시인 장 드 라퐁텐Jean de La Fontaine의 우화에서 이 관용구의 연원을 찾는다. 라퐁텐이 1678년에 쓴 우화에도 우유를 짜서 배달하는 소녀가 나온다. 잘 알려져 있듯, 라퐁텐의 우화에 등장하는 소녀는 자신이 짠 우유를 시장에 팔러 나가는 길에 우유를 팔아 받은 돈으로 무엇을 할지 끝없는 공상을 이어 간다. 하지만 공상에 깊이 빠진 나머지, 우유를 팔기도 전에 그만 우유 통을 쏟고 만다. 이 우화가 전하려는 도덕적 교훈은 분명하다. 이루어질 수 없는 꿈에 빠지기보다는, 현실적인 '계산'을 해야 한다는 것이다. 이 교훈을 받아들일지 말지는 독자의 몫이다.

위대한 두뇌들도 우리랑 똑같다

이번 장을 여기서 끝내기에는 조금 아쉬움이 남는다. 아직 할 말
이 더 남아 있다.

"분모는 분모 자리에 분자는 분자 자리에 있어야 하며, 사소한
실수도 하지 말아야 한다." 그럼에도 우리 일상 속에는 그렘린
Gremlin(세계대전 무렵 비행기가 고장 날 때마다 비행사와 정비사들이 목격
하곤 했다는 가상의 요정으로, 이후 서구에서는 뭔가 알 수 없는 문제나 오류
가 생겼을 때 그렘린 때문이라고 말하곤 한다 – 옮긴이)이 출몰하여 생각
지도 못한 실수를 만들어 내곤 한다. 심지어 유명한 학술 논문에
도 그렘린이 숨어 있을 때가 있다.

1987년 미국 시카고대학교의 학생이었던 로버트 가리스토
Robert Garisto는 아이작 뉴턴Isaac Newton이 1687년에 펴낸 기념
비적 저서《자연철학의 수학적 원리Philosophiae Naturalis Principia
Mathematica》에서 명백한 계산 오류 하나를 발견했다. 가리스토가
찾아낸 오류는 300년 동안 어느 누구의 눈에도 띄지 않았던 것
이다.

이 책의 여덟 번째 명제에서, 뉴턴은 자신의 중력 이론의 정확
성을 입증하고자 태양계 여러 행성들의 질량과 밀도를 산출했
다. 지구의 질량을 측정하려면 태양의 중심에서 지구의 중심에
이르는 직선과, 태양의 중심에서 지구의 표면에 이르는 직선 사

이의 각도인 태양시차Solar parallax를 계산해야만 했다. 오늘날 태양시차는 8.8각초arcsecond(1각초=$\frac{1}{3600}$도)로 알려져 있는데, 당시 뉴턴이 구한 값은 10.5각초였으며 스스로 '10.5'라고 적은 메모도 있다. 그런데도 저서에서는 10.5각초 대신 11각초라고 기록했고, 이상하게도 이 잘못된 수를 계속 되풀이했다. 작은 실수는 연이어 또다른 실수를 낳고야 말았으니, 뉴턴은 잘못된 수치를 바탕으로 태양의 질량을 지구의 질량으로 나누었고 결국 실제와 두 배나 차이나는 값을 얻게 되었다.

동물의 산술

TIP

지금부터 하려는 이야기는 결코 만우절 농담이 아니다. 부디 진지하게 읽어주기를 바란다.

이탈리아의 생물학자 로사 루가니Rosa Rugani가 이끄는 연구팀은 최근에 놀라운 사실을 하나 발견했는데, 태어난 지 며칠밖에 되지 않은 병아리들이 5까지의 수를 셀 수 있다는 것이다. 인간의 경우 병아리만큼 어린 아기들은 기껏해야 3까지 인식할 수 있는데 병아리가 그보다 더 큰 수까지도 다룬다니, '호모 사피엔스'에게는 충격적인 소식이 아닐 수 없다. 병아리와 어린 아이들이 연산 대결이라도 벌인다면 병아리가 아니라 인간이 질지도 모른다. '멍청한 닭'이라는 비유도 이제 옛날이야기다.

연구에서 병아리들은 말이나 글이 아닌 동작을 통해 수를 인식하는 모습을 보였다. 실험에서 연구팀은 털이 보송보송한 데다 두 발로 겨우 선 병아리들에게 덧셈과 뺄셈을 해 보라고 요구했다. 구체적인 실험 방법은 이렇다. 연구원들은 병아리들 앞에 작고 불투명한 칸막이로 가린 작은 공간 두 개를 똑같은 크기로 만들고, 공간 안으로 드나들 수 있도록 가림막을 설치했다. 그러고는 한쪽 칸막이 앞에 점 하나를 찍고 그 뒤의 공간에 먹이 하나를 넣어 두고, 다른쪽 칸막이 앞에는 네 개의 점을 찍고 그 뒤의 공간에 네 개의 먹이를 넣은 것이다. 이런 식으로 연구팀은 병아리가 공간에 드나들 때마다 칸막이 앞에 찍힌 점의 개수와 그 안에 들어 있는 먹이의 개수를 계속해서 바꾸는 실험을 진행했다.

병아리들은 두 공간을 자유롭게 드나들며 수차례 움직임을 반복했다. 실험이 이어지자 병아리들은 점의 개수가 많이 찍힌 쪽을 두드러지게 자주 들어갔다. 본능적으로 점이 많은 쪽에 먹이가 더 많다는 것을 느낀 것이다. 연구팀은 이 외에도 다른 여러 실험들을 진행하였는데, 결론은 두 가지로 정리된다. 하나는 병아리들이 5까지의 수를 셀 수 있다는 것이며, 다른 하나는 그들이 덧셈과 뺄셈을 할 수 있는 데다 수의 크기를 비교할 수도 있다는 사실이다. 이 실험 결과만 보면 같은 나잇대의 인간보다 병아리가 여러 면에서 훨씬 뛰어난 것 같다.

이러다간 정말 누군가의 말대로 인간이라는 종이 급격히 감소하게 될지도 모르겠다. 지그문트 프로이트Sigmund Freud에 따르면, 역사상 인간은 세 번의 모욕을 당했다고 한다. 첫 번째 모욕은 코페르니쿠스의 지동설이 등장하면서 우주의 중심이 지구가 아니라는 사실을 깨달았을 때이며, 두 번째 모욕은 다윈이 진화론을 들고 나왔을 때라고 한다. 인간이 원숭이로부터 진화했다고 밝혀지자, 신에게 부여받은 특권이라 믿었던 만물의 영장이라는 자부가 바닥으로 떨어지고 만 것이다. 마지막 모욕은 프로이트의 몫이다. 프로이트는 인간의 의식보다 무의식을 강조했으며, 인간의 행위를 무의식의 산물이라 말하기도 했다. 그전까지 스스로를 이성적인 존재라고 생각했던 인간에게 프로이트가 발견한 무의식은 적지 않은 충격과 모욕을 가했다.

하지만 너무 비관할 필요는 없다. 우리에게는 아직 기댈 만한 구석이 있다. 프로이트의 지적은 모두 부정할 수 없는 사실이지만, 그래도 우리 인간은 '수학을 할 수 있는 유일한 존재'라는 사실이 조금이라도 위로가 되었으면 좋겠다. 그런데 앞서 실험에서 보았듯이 인간뿐 아니라 갓 태어난 병아리들도 수학을 해냈고, 심지어 비슷한 나잇대의 인간보다 더욱 뛰어나다니! 인간만이 수학 독점권을 차지하고 있는 건 아니라면, 이 상황을 병아리에게 당한 첫 번째 수학적 모욕이라고 할 수 있을까? 분명한 건, 시간이 갈수록 우주에서 인간이 차지하는 특별한 위치가 점차 사라지고 있다는 사실이다.

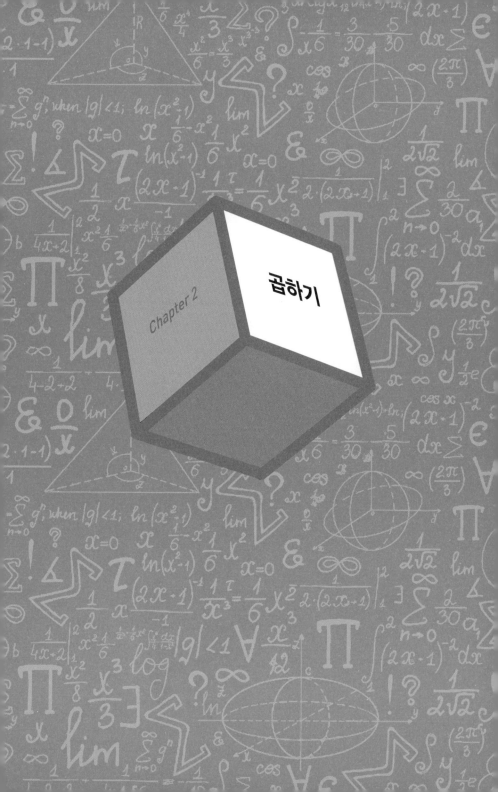

Chapter 2

곱하기

이번 장에서는 수와 연간된 개념과 사고를 더 풍성하게 다루려 한다. 한 자리 수 구구단을 넘어 두 자리 수, 세 자리 수들의 곱셈과 제곱법까지 다뤄볼 것이다. 하지만 크게 걱정할 필요는 없다. 두 자리 수 이상의 곱셈이나 제곱은 구구단의 큰형님뻘이라고 생각하면 된다. 아마 대부분의 사람들은 이미 학교에서 구구단을 철저하게 익혔을 것이다.

그러나 완벽하게 습득한 구구단만으로 곱셈의 원리를 깨우쳤다고 보기에는 곤란하다. 복잡한 곱셈을 푸는 수학적 암산 기법들에 친숙하게 다가가려면 오히려 주입식 암기 능력에서 벗어나는 편이 나을 것이다.

본격적인 곱셈법으로 넘어가기 전에

먼저 가벼운 이야기부터 시작해 보자. 물론 수와 관련된 이야기다.

세상에는 다양한 나라와 민족, 문화가 있고, 각 나라와 민족마다 수를 표현하는 방식 역시 가지각색이다. 예컨대 프랑스 사람들은 90을 quatre—vingt—dix, 즉 4—20—10이라고 표현한다. 이는 4×20+10의 연산을 짧게 줄인 것이다. 이보다는 덜 알려져 있지만 18을 웨일스 사람들은 2·9라고 하고 브르타뉴 지역에서는 3·6이라고 말한다. 이들보다 더 복잡한 수 표현은 알람블락Alamblak어에서 찾아볼 수 있다. 파푸아뉴기니의 소수 언어 중 하나인 알람블락어에서는 18을 5×(2+1)+(2+1)이라는 연산으로 구성해서 이를 말로 표현한다. 아프리카 관다라어Gwandare는 수와 관련된 언어를 연구하는 이들에게 그야

말로 색다른 흥미를 제공한다. 나이지리아 북부 지역의 방언인 관다라어에서 수는 12진법으로 구성되어 있다. 언뜻 복잡할 것 같지만 의외로 무척 간단하고 쉬운 경우가 더 많다. 예를 들어 12×12를 독일어로 표현하려면 '일백—사—그리고—사십 einhundertvierundvierzig'으로 스물네 글자나 되지만, 관다라어에서는 아주 단순하게 '보wo'라고 단 두 글자로 표현할 수 있다.

앞서 손가락 주판에서 경험했듯이, 우리는 구구단의 도움 없이도 손가락만으로 간편하게 셈을 할 수 있었다. 손가락 주판은 글자 그대로 손가락 안에서 연산이 이루어지는 간단한 계산 방식이다. 하지만 우리의 손가락은 많아야 열 개이기 때문에 어느 정도 한계가 있다. 1×1에서 10×10까지는 자유자재로 가능하지만 그 이상을 넘어가면 셈이 복잡해진다. 지금부터는 암산을 통해 두 자리 수를 곱하는 방법을 살펴보기로 하자. 우선 10~20 사이의 수부터 시작한다.

예를 들어 13×17을 계산해 보자. 소소하게 몇 단계만 거치면 금방 답이 나오는데, 그 방법은 다음과 같다. ① 먼저 첫번째 수(13)에 두번째 수의 1의 자리(7)를 더하고(13+7=20), 그 값에 0을 하나 더 붙여 준다. 그러면 200이 나온다. ② 여기에 두 수의 1의 자리를 곱한 값(3×7=21)을 더해 준다. 답은 221이다. 같은 방법으로 14×19=266도 계산할 수 있는데, 그 과정을 간단하게 풀면 아래와 같다.

$$14 \longrightarrow 23 \longrightarrow 230 \longrightarrow 266$$

이렇게만 풀면 10과 19 사이의 두 자리 수 곱셈은 아무런 오류 없이 쉽고 빠르게 끝낼 수 있다. 방법이 너무나 간단해서 실수가 생길 틈도 없을 것이다. 쉽다고 마냥 방심하지만 않는다면 말이다. 이제 이 방법으로 스스로 테스트를 해 보자!

$$15 \times 18 = ?$$
$$12 \times 16 = ?$$
$$15 \times 15 = ?$$

로마 숫자를 찾아 떠나는 여행

여기까지 읽은 독자들은 이 책이 수학의 아주 협소한 특정 주제에 차례로 초점을 맞추면서 진행되고 있다는 인상을 받았을 것이다. 앞으로도 이 책은 수학이라는 광범위한 영역을 전반적으로 다루기보다, 각각의 주제별로 집중하면서 그 범위를 조금씩 넓혀갈 것이다. 나는 이런 방식이 무언가를 배우고 익히기에 적합하다고 생각한다. 따라서 나는 여러분이 먼저 수에 익숙해지기를 바란다. 그런 다음 이 수들을 계산하는 방법을 익히다 보면,

수학이라는 바다에 좀더 가까워지는 길을 발견하게 될 것이다. 수학에 접근하는 방식은 무궁무진하기에 이 책과 전혀 다르게 수학을 다룰 수도 있겠지만, 우리는 일단 수와 연산 분야에 머물면서 이들과 익숙해지는 연습을 할 것이다.

먼 옛날에는 일상 속에서 간단한 계산을 하는 것조차 쉽지가 않았다. 인간이 수 체계를 발견하고, 그걸 활용해 수월하게 셈을 하기까지는 수천 년의 세월이 걸렸다. 무수한 우회로와 막다른 골목들을 배회하면서 오늘날에 이른 것이다. 막다른 골목 중 하나는 고대 로마에서 맞닥뜨렸다.

고대 로마에서 쓰던 숫자를 모르는 사람은 없을 것이다. 독일의 초등학교 5학년 교과서에도 등장하는 로마 숫자는 다양한 의미를 담은 문자들로 구성되어 있다. M, D, C, L, X, V, I 등으로 이어지는 로마 숫자의 구체적인 뜻은 다음과 같다.

$$I = 1$$
$$V = 5$$
$$X = 10$$
$$L = 50$$
$$C = 100$$
$$D = 500$$
$$M = 1000$$

기본적으로 로마 숫자는 문자를 합산하는 체계이다. 로마식으로 숫자를 표현하려면 각각의 문자를 필요한 만큼 더하기만 하면 된다. 몇 가지 세세한 주의 사항만 명심하면 숫자를 얼마든지 로마식으로 표기할 수 있다.

먼저 문자들은 반드시 큰 수를 나타내는 문자부터 *M, D, C, L, X, V, I* 순으로 나열해야 하며, 각 문자는 연달아 세 번까지만 사용할 수 있다. 이렇게 횟수를 제한하는 대신, 필요할 경우에는 작은 수를 나타내는 문자를 그보다 큰 수를 뜻하는 문자 앞에 오도록 해서 큰 수에서 작은 수를 빼는 것을 허용한다. 아라비아 숫자 4를 로마식으로 표현하면 *IIII*가 아니라 *IV*가 되는데, 원칙적으로 *I*를 세 번 넘게 사용할 수 없으므로 대신 *V*의 앞에 써서 *V*에서 *I*를 빼는 식으로 4를 나타낸 것이다. 따라서 로마 숫자는 덧셈과 뺄셈으로 이루어진 체계라고 할 수 있다.

숫자 체계를 이해했다면 이제 로마 숫자를 이용해서 연산을 해 보자. 덧셈과 뺄셈까지는 큰 어려움 없이 해낼 수 있을 것이다. 한번 확인해 보자! 로마식 덧셈은 어떻게 하는 걸까?

우선 '뺄셈' 형태로 축약되어 있는 로마 숫자를 일일이 '덧셈' 표기로 바꿔 주어야 한다. 가령 45를 나타내는 로마 숫자 *VL*을 연산하려면 *XXXXV*로 풀어 주는 것이다. 그런 다음 더하려는 로마 숫자를 그 뒤에 나란히 붙여 주고, 열거된 문자들을 큰 문자에서부터 작은 문자 순으로 다시 정리하면서, 덧셈 형태로 길게 늘어선 문자를 로마 숫자의 원칙에 따라 뺄셈 형태로 바꿔 주면 된다.

예를 들어 자세히 살펴보자. 1347+294를 로마식으로 표현하면 *MCCCXLVII+CCLXLIV*가 되는데, 이를 연산하려면 위에서 말했듯이 문자들을 풀어 주어야 한다. 말로 설명하는 것보다 아래의 문자들이 변환되는 과정을 보면 이해가 더욱 빠를 것이다.

$$MCCCXXXXVII + CCLXXXXIIII \longrightarrow$$
$$MCCCXXXXVIICCLXXXXIIII \longrightarrow$$
$$MCCCCCLXXXXXXXXVIIIIII \longrightarrow$$
$$MDLLXXXVVI \longrightarrow$$
$$MDCXXXXI \longrightarrow$$
$$MDCXLI$$

이를 우리식으로 바꾸면 1641이 된다.

로마 숫자의 뺄셈 역시 이와 유사하다. A-B를 한다면 덧셈과 마찬가지로 먼저 문자를 모두 덧셈 형태로 풀어 준다. 그리고 나서 A와 B에 공통으로 겹치는 문자들을 지운다. 빼는 수 B에 남아 있는 가장 큰 문자를 기준으로, 숫자 A에 B보다 한 단계 더 큰 문자가 있다면 그 문자를 대체할 수 있는 작은 문자들을 적어 준다. 즉 B와 A의 높낮이를 맞춰 주는 것이다. 그런 다음 앞에서 한 차례 했듯이, A와 B에서 겹치는 문자들을 계속해서 지운다. 이 과정을 반복하다 보면 결국 숫자 B 쪽에는 문자가 하나도 남지 않게 된다. 이 단계까지 왔다면 A에 남아 있는 문자들을 차례로 정리한 값이 뺄셈의 답이 된다. 경우에 따라서 문자를 다시 뺄셈 형태로 정리해야 할 수도 있다. 그러면 모든 연산은 끝이 난다. 백 마디 말보다 눈으로 보는 편이 나을 것이다. 예를 들어 247 -178을 로마 숫자로 계산해 보자.

① 아라비아 숫자를 로마 숫자로 바꾸면:

247 - 178 = CCXLVII - CLXXVIII

② 뺄셈 형식으로 축약된 문자들을 덧셈 형식으로 풀어 주면:

CCXXXXVII - CLXXVIII

③ 두 수에서 공통으로 겹치는 문자들을 지우면:

CXX - LI

④ 빼는 수에서 가장 큰 문자를 대체하기 위해, *C*(100)를 *LL*(50+50)로 바꾸면:

$$LLXX - LI$$

⑤ 다시 공통된 문자들을 지우면:

$$LXX - I$$

⑥ *I*와 높이를 맞추기 위해 *X*(10)를 *VV*(5+5)로 풀어 주면:

$$LXVV - I$$

⑦ 둘 사이에 공통의 문자가 없으므로 *V*를 다시 풀어 주면:

$$LXVIIIII - I$$

⑧ 겹치는 문자를 지우고 나면:

$$LXVIIII$$

⑨ 이를 뺄셈 형태로 정리하면:

$$LXIX$$

그리하여 연산의 답은:

$$LXIX = 69$$

상당히 까다롭고 복잡하지 않은가? 로마 숫자는 건물 외벽에 붙여 놓거나 벽시계를 꾸미는 데는 더할 나위 없이 멋진 기호지만, 계산을 하기에는 너무나도 버거운 숫자 체계이다. 위에서 살펴봤듯, 특히나 뺄셈의 과정이 결코 순조롭지만은 않다. 그래도 덧셈과 뺄셈은 그나마 수월한 편이다. 손도 못 댈 수준은 아니니 말이다. 로마 숫자를 이용한 곱셈과 나눗셈은 이보다 훨씬 더 어렵다. 이 어려움을 극복하기 위해 고대 로마인들은 끊임없이 나름의 해결책을 모색하기도 했다.

고대 로마식 곱셈

고대 로마인들의 곱셈 방식은 기발하고 독특하다. 그들은 곱셈

하나를 위해, 숫자를 더해서 두 배로 만들고 절반으로 나누어서 다시 원점으로 돌리는 방법을 사용했다. 로마식으로 두 수를 곱하려면, 먼저 오른쪽에 있는 수는 두 배로 해 주고 왼쪽의 수는 절반으로 나눈다. 여기서 나온 결과 가운데 정수가 아닌 수는 소수점 아래를 버린다. 이 과정을 계속 반복해서 마지막에 1이 나올 때까지 진행한다.

좀더 구체적으로 접근해 보자. A×B를 로마식으로 계산한다고 생각하고 처음부터 차례로 따라가 보자.

① 연산에 앞서 두 칸으로 된 표를 그린 다음, 왼쪽 칸의 맨 위에는 숫자 A를 적고 그 옆의 오른쪽 칸에는 B를 적는다.

② 왼쪽 칸의 숫자 A를 절반으로 나누되, 나누고 남은 나머지는 무시한다. 여기서 나온 수는 A의 아래에 적어 준다.

③ 오른쪽의 숫자 B는 두 배로 곱해 주고 그 값을 B의 아래 칸에 적는다.

④ 이 과정을 되풀이해서, 왼쪽 칸에는 A를 시작으로 계속 절반으로 나눈 값들을 놓고 오른쪽 칸에는 B를 시작으로 계속 두 배가 되는 수를 나열해 나간다.

⑤ 왼쪽 칸의 수가 1이 될 때, 로마 숫자의 문자들을 곱하고 나누느라 정신 건강에 무리가 가는 이 고된 정신노동은 끝이 난다. 로마 숫자의 문자를 두 배로 곱하는 건 그나마 쉬운 편이다. 문자들을 한 번 더 그대로 덧붙이면 되기 때문이

다. 하지만 이들을 반으로 나누는 건 그보다 어렵다. 그 방법은 잠시 뒤에 상세한 예를 통해 살펴보기로 하자.

⑥ 이렇게 만들어진 표에서, 왼쪽 칸에 짝수가 있는 줄은 모두 지운다.

⑦ 마지막으로 ⑥에서 지우고 남은(왼쪽 칸에 홀수가 있는) 줄의 오른쪽 칸에 남아 있는 모든 수를 더하면, 그 값이 A×B의 답이다.

원리만 놓고 보면 로마인들의 곱셈 방식은 꽤나 매력적이고 노련하다. 하지만 반면에 그 과정이 몹시 번거롭고 더디기까지 하다. 로마식 곱셈은 실용적이기보다 취향을 타는 셈법이라고 할 수 있다. 비유하자면 사무실 가구처럼 편리하고 무던한 쪽이 아니라, 간유肝油의 맛처럼 까다롭고 독특한 편에 속한다. 이 로마 숫자 때문에 상인들은 수 세기가 넘도록 계산에 어려움을 겪어야 했다. 이렇게 복잡한 문자와 번거로운 계산법으로 막힘없이 연산을 하는 상인들은 드물었다. 로마 숫자가 유독 어렵게 느껴지는 이유는 자릿값의 개념이 없기 때문이다. 위에서 살펴보았듯이 연산할 수를 배로 곱하고 절반으로 나누는 방식에는 자릿값이 필요하지 않다. 로마 숫자 자체에 자릿수의 의미가 들어 있기 때문에, 수를 세고 연산을 하는 데는 번거롭긴 해도 큰 문제는 없다. 그러나 그 이상의 수학적 단계로 넘어가기에는 한계가 있다.

아래의 표는 로마 숫자들을 절반으로 나눈 다음 나머지를 버린 수들을 정리한 것으로, 로마식으로 곱셈을 할 때 유용하게 활용할 수 있다.

원래 값	절반으로 나눈 값
I	
II	*I*
III	*I*
V	*II*
X	*V*
L	*XXV*
C	*L*
D	*CCL*

짝수로 된 문자들이야 당연히 완벽하게 반으로 나눌 수 있지만, 홀수는 그리 녹록지 않다. 특히 홀수는 반으로 나누고 나머지를 버려야 하므로 좀 낯설 수도 있다. 반으로 나누고 두 배로 곱하는 로마식 곱셈을 하려면 로마 문자들을 절반으로 나누는 일에 익숙해져야 한다. 축약되어 있는 문자들을 작은 단위로 풀어주면 좀더 수월할 수 있다. 앞서 덧셈이나 뺄셈에서처럼 *VIII*를 *IIIIIIII*로 풀면 이 수의 반값은 *IIII* 즉 *IV*가 된다.

그럼 지금까지의 설명을 바탕으로 실제 숫자를 가지고 연산을 해 보자. 28×21을 예로 들어 풀어 보겠다. 먼저 아라비아 숫자를 로마 숫자로 바꾸면, $XXVIII \times XXI$ 가 된다. 그리고 위에서 설명한 대로 왼쪽은 계속 절반으로 나누고 오른쪽은 두 배로 만들어 주는 계산을 이어가면 아래와 같은 표가 만들어진다.

$XXVIII = XXIIIIIIII$	XXI
XIIII	XXXXII
VII	$XXXXXXXIIII = LXXXIIII$
III	$LLXXXXXIIIIIIIII = CLXVIII$
I	$CCLLXXVVIIIIII$

이제 다음 단계로 넘어가, 왼쪽 칸에 짝수가 적힌 줄을 모두 지운다. 남은 수들은 아래와 같다.

~~$XXVIII = XXIIIIIIII$~~	XXI
~~XIIII~~	~~XXXXII~~
VII	$XXXXXXXIIII = LXXXIIII$
III	$LLXXXXXIIIIIIIII = CLXVIII$
I	$CCLLXXVVIIIIII$

마지막으로 오른쪽 칸에 남은 수들을 모두 더해 주면 연산은 끝이 난다.

$$LXXXIIII + CLXVIII + CCLLXXVVIIIIII$$

$$= LXXXIIIICLXVIIICCLLXXVVIIIIII$$

$$= CCCLLLLLXXXXXXVVVIIIIIIIIIIIIIIIII = CCCCCLXXVXIII$$

$$= DLXXXVIII = 588$$

이로써 여러분은 고되고도 힘겨운 로마식 곱셈 연산을 끝까지 경험해 보았다. 로마 숫자를 소개하는 데 그치지 않고 연산 방식까지 살펴본 이유는 고대 로마인들을 좀더 잘 이해하기 위해서였다. 로마식 곱셈이 어렵게 느껴지는 까닭은 수학적인 깊이 때문이 아니라 그저 방식이 간단하지 않아서다. 이처럼 자릿수 개념도 없는 단순한 숫자 체계 탓인지, 로마인들은 수학적으로 특별한 업적을 일구지는 못했다.

수를 반으로 나누고 두 배로 곱하는 로마식 연산은 오늘날에도 몇몇 지역에 여전히 남아 있다. 러시아의 일부 농촌 지역, 이집트와 에티오피아의 농촌 등에서는 아직도 이러한 방식으로 곱셈을 한다고 전해진다. 시간을 거슬러 올라가 독일의 중세시대만 해도 이런 로마식 곱셈이 대중들에게 널리 통용되는 연산 기법이었다. 근대에 들어서면서 점차 사라지기는 했으나, 프랑스와 러시아의 농민들은 그때까지도 로마식으로 계산을 했다.

곱셈보다 더 어렵고 복잡한 건 바로 로마 문자로 하는 나눗셈이지만, 이 책에선 다루지 않을 것이다. 여기서 반드시 다룰 필요도 없고, 굳이 그렇게까지 힘든 내용을 참고 견딜 이유도 없다고 판단했기 때문이다. 이 책은 빠른 암산에 목말라하는 수학 입문자를 위한 안내서이므로 그 본분을 지킬까 한다. 로마식 나눗셈은 참을 수 없이 지루하고 계산 과정이 엄청나게 더디지만 우리는 뭔가 빠르고 신나는 연산이 필요하니까, 얼른 다음 단계로 넘어가자.

10의 자리가 같은 두 자리 수 곱셈법

세상에는 100자리 수의 13제곱근을 13초가 되기도 전에 암산으로 푸는 사람이 있다. 말하자면 숫자를 종이에 적어 내려가는 시간보다 더 빠르게 셈을 하는 것이다. 여러 사람들이 분업을 하면 이처럼 신속하게 근을 구하는 것이 어느 정도는 가능하다. 물론 혼자서 해내는 사람에 비하면 그리 멋들어지지도 않고 더 빠르다고 할 수도 없지만 말이다. 지금은 사라졌지만 한때 독일에서 가장 인기 있던 텔레비전 쇼 〈베텐, 다스Wetten, dass…?(내기할까요?)〉에서는, 이처럼 여러 명이 한 팀이 되어 거듭제곱근을 구하는 모습을 1990년대 무렵 방송으로 내보낸 적이 있다. 이들은 4분이 채 되기 전에 커다란 수의 근을 계산해 냈는데, 거대한 수를 풀기 쉽게 낱낱이 쪼개서 각 팀원들에게 분배한 다음 풀어내는 작업은 굉장히 힘들고 부담스러운 도전이었다. 이런 연산이 가능하려면 모든 팀원들이 로그표의 일부를 충분히 암기하고 있어야 했다.

지금 여기서 그렇게 높은 수준의 연산을 하려는 것은 아니다. 우리는 아직 갈 길이 멀다. 그러니 다시 돌아와 바닥에서부터 차근차근 시작해 보자. 두 자리 수의 곱셈 기법이 아직 남아 있다.

앞서 우리는 10의 자리가 각각 1인 두 자리 수를 곱하는 방법을 알아보았다. 여기에 기술을 덧붙여 주면, 이보다 큰 두 자리 수들의 곱셈을 할 수 있다. 46×42를 예로 들어 보자. 두 수 모두 10의 자리가 4로 같다.

① 앞에서 10의 자리가 1인 두 자리 수를 연산할 때처럼, 첫번째 수(46)에 두번째 수의 1의 자리(2)를 더해 주자. $46+2=48$.

② 여기서 나온 값 48에, 두 수에 공통으로 들어 있는 10의 자리 수(4)를 곱한다. $4 \times 48 = (4 \times 50) - (4 \times 2) = 200 - 8 = 192$, 그런 다음 뒤에 0을 붙인다.

③ 마지막으로 두 수의 1의 자리를 곱하여($6 \times 2 = 12$), ②에서 나온 1920에 더해 준다. $1920 + 12 = 1932$이 46×42의 답이다.

10의 자리가 공통으로 1인 경우에는 곱하는 과정을 생략할 수 있었기 때문에 곱셈 과정이 이보다 한층 간략했던 것이다.

이 암산 원리는 아주 간단하다. 어떤 두 자리 수를 ab라고 적을 때, 이 수는 실제로 $10a+b$라는 뜻이다. 따라서 10의 자리가 같은 두 자리 수의 곱셈은 다음과 같이 표현할 수 있다.

$$(10a+b)\times(10a+c)$$

방금 우리가 사용한 암산 기술도 아래와 같은 계산으로 표현할 수 있다.

$$[(10a+b)+c]\times10a+(b\times c)$$

두 수식을 풀어 전개하면 모두 다음과 같다.

$$100a^2+10ab+10ac+bc$$

이렇게나 명쾌하다.

옛날 옛날의 곱셈법

인류의 곱셈 방법이 담긴 자료 가운데 린드 파피루스Rhind Papyrus는 가장 오래된 문서 중 하나다. 기원전 1550년 무렵에 기록된 것으로 추정되는 린드 파피루스에는 고대 이집트인들의 다양한 수학적 지식이 담겨 있다. 이들의 곱셈법은 앞에서 다룬 로마식 곱셈 과정을 떠올리게 한다. 고대 이집트인들 역시 곱셈을 위해 수를 두 배로 곱하고 더하는 방식을 사용했다. 다만 로마인들과는 달리 수를 반으로 나누지는 않았다.

실제 수를 예로 들어 고대 이집트인들의 곱셈법을 살펴보자. 14×23이 좋겠다.

① 먼저 1과 23을 종이에 적은 다음, 두 수를 각각 두 배로 곱해 준다. 두 배가 된 수들은 차례로 아래에 적어 준다. 그러면 다음과 같은 값이 나온다.

$$
\begin{aligned}
1 &\to 23 \\
2 &\to 46 \\
4 &\to 92 \\
8 &\to 184
\end{aligned}
$$

여기까지 왔다면 이제 수를 두 배로 곱하는 과정을 멈춘다. 한 번 더 진행하게 되면 왼쪽에 있는 수가 16이 되어 곱하는 수인 14를 넘어가기 때문에, 더 이상은 할 필요가 없다. 즉 두 배로 곱해진 왼쪽 수들의 합이 14가 될 때까지만 계산을 이어가면 된다. 8+4+2=14이므로 여기까지만 셈을 한 것이다.

② 다음으로 오른쪽의 모든 수들을 더해 주면 184+92+46=322가 된다.

3,500년 전에 쓰인 린드 파피루스에 따르면, 이렇게 해서 14×23=322라고 한다. 옛날 옛날에 살았던 사람들의 말이지만, 틀림이 없다.

곱하려는 두 수의 차가 짝수인 경우

다음에 이어질 곱셈은 살짝 더 복잡하다. 지금까지는 10의 자리가 같은 두 수를 곱했다면, 이제 범위를 넓혀 앞자리와 상관없이 두 자리 수를 곱하는 방법을 살펴보자. 하지만 모든 두 자리 수들을 자유롭게 곱하기 전에 아직 거쳐야 할 단계가 하나 남아 있다. 여기서 소개하려는 곱셈 기법은 한 가지 약점이 있는데, 곱하려는 두 수의 차가 짝수여야만 활용할 수 있는 연산 방식이다. 답을 구하는 과정이 단순하면서도 독특해서 기억에 오래 남는 기법이다. 23×17를 예로 들어 직접 계산을 해 보자.

① 먼저 곱하려는 두 수의 차이가 짝수인지 확인한다.

23-17=6.

② 두 수의 차를 반으로 나눈다. 6÷2=3.

③ 두 수 가운데 큰 수에서 ②의 값을 빼 준다. 23-3=20.

④ ②와 ③의 값을 각각 제곱한다. 3×3=9, 20×20=400.

⑤ ④에서 나온 두 값의 큰 수에서 작은 수를 뺀다.

　400-9=391.

이 결과(391)가 23×17의 답이다.

이 방식으로 곱셈을 해 보고 싶은 사람은 아래의 등식을 살펴보자. 위의 연산 기법을 활용해서 등식의 값이 맞는지 머릿속으로 검산을 하는 것이다.

$$39 \times 31 = 13 \times 93$$

이 등식은 마치 가운데 있는 등호가 거울이기라도 한 듯 좌우대칭으로 이루어져 있다. 좌변과 우변이 등호를 중심으로 완벽한 대칭을 이루고 있어서 보기만 해도 마음이 편안해지는 이런 곱셈식은 상당히 드물다.

나를 가로질러도 좋아

등호(=)를 처음으로 사용한 로버트 레코드Robert Recorde는 그 외에도 다양한 수학적 업적을 남겼는데, 1543년에 펴낸 산술서《제

예의 기초The Grounde of Artes》에서 5에서 9까지의 수를 곱하는 계
산법을 소개한 것도 그 가운데 하나다.

로버트 레코드의 곱셈법으로 6×8를 계산하려면,

① 먼저 두 수를 위아래로 나란히 나열해야 한다.

$$6$$
$$8$$

② 그런 다음 10에서 각 수를 뺀 값을 바로 옆에 적어 준다.

$$6 \quad 4$$
$$8 \quad 2$$

③ 그리고 다음 페이지의 그림처럼 처음 계산하려던 두 수와,
10에서 빼고 남은 수들을 교차하여 이어 준다. 쉽게 말해
네 수를 각각 정사각형의 모서리라 생각하고 두 개의 대각
선을 긋는 것이다. 덧붙이자면 몇몇 역사학자들은 로버트
레코드가 소개한 이 곱셈법에서 곱셈 기호가 유래했다고
보기도 한다.

여기까지 왔다면 계산은 거의 다 끝났다. 레코드가 책에서 소개한 방식을 천천히 따라가기만 하면 된다. 답은 두 자리 수이기 때문에 우선 1의 자리를 구한 다음 10의 자리를 셈할 것이다.

① 먼저 오른쪽에 있는 두 수(처음 연산하려던 수를 10에서 빼고 남은 수) 4와 2를 곱한다. 이 값 8이 6×8의 1의 자리 값이다.

② 그리고 왼쪽의 두 수(처음 셈을 하려던 두 수) 6과 8에서 오른쪽의 두 수 4와 2를 각각 빼되, 그림에서처럼 가위표로 교차하여 뺄셈을 한다. 그러면 6-2=4와 8-4=4가 나오는데 두 값은 늘 같기 때문에 둘 중 하나만 취하면 된다. 여기서 나온 값 4가 6×8의 10의 자리다. 따라서 이 값과 ①에서 구한 1의 자리 값(8)을 정리하면, 6×8은 48이 되는데, 만일 1의 자리 값이 두 자리로 넘어가면 10의 자리로 올려 더해주면 된다.

이탈리아에서는 이런 방식을 '십자가 곱셈multiplicare per crocetta'이라 불렀으며 오랫동안 널리 사용되기도 했다. 자릿수라는 개념을 활용했다는 점에서 지중해 지역을 여행하며 인도—아라비아 숫자를 섭렵한 피보나치의 영향력을 짐작할 수 있는 대목이기도 하다.

트라첸버그의 두 자리 수 곱셈법

이번 계산법은 야콥 트라첸버그Jakow Trachtenberg(1888~1953)를 떠올리면서 이야기를 시작해 볼까 한다. 야콥 트라첸버그는 자신만의 빠른 암산 기법을 개발한 사람으로, 한때 암산 분야에서 한 획을 그은 대단한 스타였다. 흑해에 접해 있는 우크라이나 오데사에서 태어난 그는 이미 어렸을 때부터 천재성을 드러냈다. 무슨 문제든 막힘없이 풀어냈던 트라첸버그는 상트페테르부르크에서 수학과 공학을 전공하며 우수한 성적으로 졸업했다. 이후 그는 이십대 초반의 나이에 러시아의 유명한 무기 공장에서 수석 엔지니어로 활동했다.

성공적이고도 행복했던 그의 인생은 러시아 10월 혁명을 계기로 전혀 다른 국면에 접어들게 되었다. 1917년 고향을 떠나야만 했던 트라첸버그는 베를린에 정착했다. 그곳에서 그는 귀족 출신인 알리스 폰 브레도브Alice von Bredow와 결혼을 하고, 평화주의 잡지를 펴내는 발행인이 되어 새로운 인생을 펼쳐 나갔다. 베를린에서 보낸 시간은 그의 인생에서 두 번째로 반짝이는 시절이었다. 그가 주창하던 평화주의는 당시 나치 정권의 노선과 배치되었지만 그는 자신의 의견을 결코 숨기지 않았다. 그런 탓에 트라첸버그는 몇 차례나 생명의 위협을 받기도 했고, 결국 독일을 떠나 아내와 함께 오스트리아 빈에 머무르게 되었다.

그러나 빈도 더는 안전하지 않았다. 나치 독일이 오스트리아를 병합하면서 트라첸버그의 인생에는 불행의 그림자가 드리우기 시작했다. 나치에 발각되어 빈에서 체포된 이후 기나긴 수감 생활을 하게 된 그는, 몇 년 동안 여러 강제수용소를 전전하며 마치 오디세우스처럼 파란만장한 여정을 보내게 되었다.

극한의 장소에서 이루어진 수학 활동

절망적인 수용소 생활을 어떻게든 견뎌내고 스스로의 정신을 긍정적인 방향으로 이끌기 위해, 트라첸버그는 암산에 몰두했다. 오랜 수감 생활 동안 암산에 집중한 그는 일련의 암산 기법을 개발하게 되었다. 그의 저서《22개의 감옥 그리고 게슈타포의 지하실In 22 Gefängnissen und Kellern der Gestapo》에 따르면, 그는 연필이나 종이 또는 그 외에 어떤 도구의 도움도 없이 오로지 정신력과 기억력에 의존해서 연산의 과정들을 고안해 냈다고 한다. 문제를 생각해 내고 그 답을 풀어 가는 모든 과정이 온전히 그의 머릿속에서 이루어졌다는 것이다.

어떻게 보면 그의 운명은 너무나도 가혹했다. 하지만 그가 그런 운명을 겪지 않았더라면 오늘날 트라첸버그 계산법은 존재하지 않았을 것이다. 인간사에서는 이런 일들이 자주 벌어진다. 누군가에게 닥친 불행이 타인의 삶을 이롭게 할 뿐 아니라 역사에 길이 남는 사건이 되는 경우는 빈번하게 일어난다. 오디세우스가 기나긴 방황 없이 바로 고향으로 돌아왔더라면 우리에게는 아무런 이야기도 남지 않았을 것이다. 이들의 고난과 방황이 없었더라면《오디세이아》도, 암산 기법도 없었을 것이다. 트라첸버그의 암산 기술은 오늘날까지도 가장 중요한 계산법 중 하나로 여겨지는데, 특히 큰 수들의 곱셈과 나눗셈에 유용하게 활용된다. 트라첸버그의 계산법이 지향하는 바는 명확한데, 연산 과정의 복잡성을 최소화해서 간단한 기억력만으로도 개별 연산과 중간 결과를 파악할 수 있도록 개발했다는 것이다.

그럼 이제부터 트라첸버그의 계산법을 활용해서 본격적인 연산을 해 보자. 두 자리 수 가운데 임의로 두 개를 골라 곱셈을 해 보자. 보통은 이렇게 아무런 제약 없이 연산을 하는 게 '정상'이다. 그래야 더 흥미롭고 답답함도 덜하다. 앞에서 다룬 계산 방법들은 10의 자리가 같다거나 두 수의 차가 짝수라거나처럼 전제 조건이 따라붙는 특수한 사례들이었지만, 이제 우리가 할 연산은 모든 제약으로부터 자유롭다. 트라첸버그 계산법은 모든 두 자리 수에 적용할 수 있다.

다음의 두 수를 곱해 보자.

$$21 \times 32 = ?$$

트라첸버그의 계산 방법을 간단히 요약하면 다음과 같다.

먼저 수직으로 한 번, 그 다음 대각선으로 교차, 그리고 다시 수직으로 셈하기.

이 문장은 그 어떤 다른 격언보다 외우기 쉬울 것이다. 머릿속에 한번 새겨 두면 두고두고 도움이 될 문장이다. 이 문장을 적용하려면,

① 우선 연산하려는 두 수를 위아래로 나란히 놓아야 한다.

$$
\begin{matrix}
2 & 1 \\
3 & 2
\end{matrix}
$$

② 이제 두 수를 곱한 값의 1의 자리를 먼저 구해 보자. 이는 연산할 두 수의 1의 자리(1과 2)를 곱해 주면 된다. 위 문장 첫 단계, "수직으로 한 번" 연산을 하는 것이다. 즉 $1 \times 2 = 2$ 가 곱셈 값의 끝자리가 된다.

③ 다음 단계는 "대각선으로 교차"하는 것이다. 즉 셈하는 수를 각각 대각선으로 이어, 10의 자리와 1의 자리를 교차해서 곱한 다음 그 값을 더한다. 그러면 $(2 \times 2) + (1 \times 3) = 7$이 된다.

④ 마지막으로 두 수의 10의 자리(2와 3)를 곱한다. 위 문장의 마지막 단계인 "다시 수직으로" 한 번 더 연산을 해주는 것이다. 그렇게 해서 $2 \times 3 = 6$이 나왔고 이는 곱셈 값의 맨 첫 자리에 해당된다.

⑤ 지금까지 연산한 결과들을 정리하여 붙여 주면 답은 672가 된다. 만일 ②나 ③에서 두 자리 수가 나오면, 1의 자리 값만 남겨 두고 10의 자리는 다음 단계로 올려 더해 준다. 수학에서는 이를 '받아올림'이라고 한다.

다음의 곱셈을 해 보자. 위에서 한 번 해 보았으니 이번에는 조금 빠르게 진행해 보자.

$$34 \times 53 = ?$$

① 마찬가지로 두 수를 먼저 세로로 놓고 시작한다.

$$3\ 4$$
$$5\ 3$$

② 1의 자리를 수직으로 곱하면 4×3=12가 나오는데, 12의 1
의 자리 수 2는 곱셈 값의 1의 자리에 놓고 10의 자리 1은
따로 빼서 다음 자리로 올려 준다.

③ 두 수의 10의 자리와 1의 자리를 각각 대각선으로 교차해
서 곱하고 이를 더해 주면, (3×3)+(4×5)=29이고, ②에서
올라온 1을 더하면 29+1=30이 된다. 여기에서도 마찬가지
로 0은 곱셈 값의 10의 자리에 남겨 두고 3은 다음 단계로
넘긴다.

④ 끝으로 두 수의 10의 자리를 곱한 뒤에 ③에서 넘어온 3을
더한다. 그러면 (3×5)+3=18이 나온다.

⑤ 마지막에도 두 자리 수가 나와서 조금 복잡해 보일 수 있지
만, 단순하게 생각하면 된다. 첫 단계부터 마지막 단계까지
나온 값들을 오른쪽에서 왼쪽으로 나란히 순서대로 붙여
주면, 1802가 34×53의 값이다.

여기까지다. 방금 우리는 곱셈을 빠르게 해낼 수 있는 '스위스
군용 칼' 하나를 얻었다. 이 칼 하나만 가지고 있으면 모든 두 자

리 수들을 간단하게 곱할 수 있다. 그 어떤 고비도 제약도 없으며, 유혹의 손길에 빠질 일도 없다.

이 스위스 칼을 적극적으로 활용해 보고 싶은 사람들을 위해 몇 가지 문제를 준비했다. 정확히 말하면 문제라기보다 이미 답이 나와 있는 연산들이다. 아래에 이어지는 수식들을 살펴보면 어딘가 흥미로운 부분이 발견될 것이다. 이들은 수학적 우연에 의해 만들어진 연산과 그 결과이다. 여러분들이 할 일은, 손에 쥐어진 스위스 칼로 다음의 연산을 머릿속으로 검산해 보는 것이다.

$$27 \times 81 = 2187$$

이 예가 특별한 이유는 곱한 값의 수가 (자릿수와 상관없이) 곱하려는 수들로 이루어져 있기 때문이다. 다음에 소개하는 세 개의 등식은 더욱 놀랍고 신기하다. 앞서 보았던 거울 반사가 또 등장한다. 이들은 수식을 앞에서 읽든 뒤에서 읽든 상관없이 같은 결과가 나온다. 말하자면 곱셈으로 된 회문回文인 셈이다.

팰린드롬Palindrome이라고도 불리는 회문은 '소주 만 병만 주소'나 '다시 합창합시다' 또는 '다들 잠들다'처럼 앞에서부터 읽으나 뒤에서부터 읽으나 뜻이 같은 문장을 말한다. 독일어에서 가장 유명한 회문 중 하나는 철학자 아르투어 쇼펜하우어Arthur

Schopenhauer가 남긴 문장이다. "Ein Neger mit Gazelle zagt im Regen nie." 독일어를 모르더라도 앞에서 읽으나 뒤에서 읽으나 철자의 배열이 똑같다는 것을 알 수 있다. Neger(흑인을 모욕적으로 지칭하는 말-옮긴이)라는 단어가 불편하기는 하지만, 이 단어가 없으면 위의 문장은 회문이 될 수 없다.

또 '기러기'나 '다가가다', 독일어로 예를 든다면 Otto나 Reliefpfeiler처럼 한 단어로 된 회문도 가능하며, 숫자로 이루어진 회문도 물론 가능하다. 세 자리 수 121도 회문이라고 할 수 있다. 나아가 등식 전체가 회문인 경우도 있다. 예를 들어 다음의 등식을 들여다보자.

$$203313 \times 657624 = 426756 \times 313302$$

앞에서부터 읽으나 뒤에서부터 읽으나 나열된 숫자의 순서가 모두 똑같다. 그러므로 분명히 회문이다. 그런데 과연 이 등식은 성립하는 걸까? 그렇다! 회문이 뭔지 확실히 이해했다면 숫자와 기호로 이루어진 다음의 회문들을 위에서 익힌 방법으로 검산해 보자.

$$64\times23=32\times46$$
$$14\times82=28\times41$$
$$26\times93=39\times62$$
$$35\times41=1435$$
$$34\times86=68\times43$$

　수학자들은 언제나 산더미 같은 문제를 안고 산다. 그래서 수학자들에게 문제는 일상이다. 화학자들은 이와 정반대다. 그들은 이미 답을 가지고 있기 때문이다. 이쯤에서 잠시 차 한 잔을 곁들인 휴식 시간을 가져보자.

수학자처럼 마시기

한 명의 수학자는 커피를 정리定理로 변화시키는 기계다.

이는 위대한 수학자 에르되시 팔Paul Erdős이 반세기도 전에 했던 말이다. 그의 말은 오늘날까지도 유효하다. 카페인은 집중력을 높이는 데 가장 효과적인 물질로, 수학하는 사람들이 주로 모이는 곳에서는 단연 최고로 쳐준다. 예전이나 지금이나 꼭 좋은 커피가 필요한 건 아니다. 내 경험에 따르면, 수많은 수학자들이 아주 나쁜 커피를 마신다. 엄밀히 말하면 마신다기보다 들이붓는다. 그들에게 커피는 음미의 대상이 아니라 에너지를 북돋아주는 카페인 분자이기 때문이다. 그래서 수학자들에게는 그들만의 특별한 커피가 있다. 보온기 위에 오랜 시간 묵혀둔 커피가 그들의 단골 메뉴이다. 우리는 보통 그 커피를 '찐득하고 검은 국물'이라고 부른다. 이제 우리 수학 전문가들도 최근 유행하는 커피에 발을 맞춰야 할 때가 아닌가 싶다. 유행을 따르면서도 나름의 취향이 담긴, 수학자만의 독특한 커피가 필요하다.

그런 의미에서 이번에 소개할 '수학 칵테일'은 수학에 열중하는 사람들과 바리스타가 취미인 커피 애호가들을 위해 특별히 차가운 음료로 준비해 보았다. 이 칵테일을 만들어 마시면 커피 유행의 선두주자가 될 수 있다. 이름하여 '콜드브루 탄산 토닉'이라는 칵테일로, 수학을 풀면서 생긴 피로를 회복하고 싶거나 에너지를 올리고 싶을 때 매우 적합한 음료이다. 최고의 조합은 에티오피아 예가체프 커피콩에 인디언 토닉워터를 섞는 것인데, 여기에 향이 진한 퀴닌을 곁들이면 커피의 강한 카페인 성분과 조화를 이루어 최상의 상태가 된다.

이 칵테일에는 차가운 커피가 필요하다. 콜드브루는 단순히 차갑게 식은 커피가 아니라, 말 그대로 찬물로 장시간 동안 추출해 낸 커피다. 차게 추출한 커피는 뜨거운 김이 한 번도 닿지 않았기 때문에 맛 자체가 완전히 다르다. 뜨거운 물로 내린 커피는 콜드브루에 비해 신맛과 쓴맛이 강한 반면 풍미는 적은 편이다. 커피를 차게 내리는 기술에는 음양의 조화가 담겨 있다. 그럼 이제 칵테일을 만들어 보자. 다음에 소개하는 방법을 잘 따라오면 여러분도 강렬하고 진한 콜드브루를 마실 수 있다.

① 갓 볶은 신선한 커피콩을 갈아주되, 너무 곱게 갈아서는 안 된다. 이건 기본 규칙이다. 모래알 정도의 굵기로 갈아주면 좋다. 에스프레소용으로 검게 볶은 콩은 적합하지 않으며, 밝은 빛을 띨 정도로 약하게 볶은 콩이 차라리 낫다. 향으로 따지면 예가체프 콩이 단연 으뜸이다.

② 거칠게 분쇄한 예가체프 커피콩 100그램을 커다란 유리그릇에 담는다. 그리고 차가운 물 1리터를 그 위에 부어 준다. 탄산이 없는 생수를 추천한다. 정수하지 않은 수돗물로 내리면 결과물이 엉망이 될 수 있다. 이 맛도 저 맛도 아닌 커피가 나올지도 모른다.

③ 커피가 물에 잘 섞이도록 기다란 나무 숟가락으로 꼼꼼하게 저은 뒤에, 커피의 향이 빠져나가지 않도록 혼합물이 담긴 그릇을 잘 덮어 둔다. 실내 온도에 반나절 정도 놔두면서 가끔씩 저어 준다. 마지막 두 시간 동안은

혼합물을 섞지 말고 가만히 놓아둔다. 그래야 커피 가루가 바닥에 고스란히 가라앉을 수 있다.

④ 커피가 잘 가라앉은 혼합물을 종이나 천으로 된 필터로 걸러 내어 커피 가루를 제거하고, 걸러 낸 용액에 물을 부어 다시 1리터로 만든다. 이렇게 내려진 콜드브루는 우리가 만들 커피 토닉의 기본 재료가 된다.

⑤ 구슬 모양의 투명한 얼음 조각 3개를 두꺼운 유리컵에 담는다. 여기에 토닉워터 300밀리리터를 붓고, 콜드브루 100밀리리터를 아주 조심스럽게 따른다. 콜드브루를 세심하게 부어야 유리컵에 두 개의 층이 선명하게 생기고, 마치 밤과 낮의 경계처럼 색상 대비가 나타난다.

우리의 '카페파우지Kaffepausi'는 여기까지다. 독일에서는 차를 마시며 잠시 쉬어 갈 때 이 단어를 쓰곤 하는데, 이 말은 원래 독일어가 아니라 핀란드어다. 핀란드인들이 쓰는 단어가 거의 변형되지 않은 채 고스란히 독일어에 스며든 것이다. 마찬가지로 독일어가 다른 나라의 언어에 그대로 유입된 경우도 꽤 많다. 프랑스나 영미권에서 사용하는 'Gemutlichkeit(여유로움, 편안하고 아늑함)'나 일본어의 'オルガスムス(오르가슴)' 그리고 미국의 젊은 층에서 쓰이곤 하는 'Fahrvergnügen(차를 타는 즐거움, 드라이브가 주는 기쁨)' 등이 대표적인 예다.

100에 가까운 수들의 곱셈법

— Section 5 —

언젠가는 두 자리 수와 헤어져야 할 때가 올 텐데 아마도 지금이 바로 그때가 아닌가 싶다. 여태까지 언급한 암산 기법들로 모든 두 자리 수들을 자유자재로 곱할 수 있게 되었으니, 이제 한 단계 높이 올라가야 한다. 앞서 소개한 여러 연산 기술들 외에 더 알고 싶은 것이 없다면 그리고 딱히 불만이 없다면, 다음 과정으로 넘어갈까 한다. 다음에 소개할 곱셈들 역시 재미있고 역동적인 기법들로 가득하니 기대해도 좋다. 터보 엔진을 단 것처럼 빠르게 달려가 보자.

먼저 100에 근접한 수들의 연산을 다루어 보려 한다. 예를 들어 97×94의 값을 구해 보자. 수가 조금 커졌지만 다음의 단계를 차례대로 따르기만 하면 아무런 어려움 없이 문제를 풀 수 있다.

① 곱하려는 두 수를 세로로 나열하고, 두 수에서 각각 100을 빼 준 값을 두 수의 오른쪽에 적어 둔다.

② 왼쪽의 수와 오른쪽의 수를 대각선으로 교차해서 더한다. 대각선으로 더한 값은 둘 다 같기 때문에 둘 중에서 하나만 취한다. 그 값에 0을 두 개 붙인다.

③ ①에서 나온 두 뺄셈 값을 곱해서 ②의 값에 더해 준다.

이 설명을 이해했다면 실제 계산에 적용해 보자.

$$97 \quad -3$$
$$94 \quad -6$$

대각선으로 교차해서 더하면 97-6=94-3=91로, 대각선 방향이 달라도 결과는 같다. 여기에 0을 두 개 붙여 주면 9100이 된다. 여기에 오른쪽의 두 수를 곱한 값 (-6)×(-3)=18을 더한 9118이 97×94의 답이다.

다음으로는 100보다 큰 수로 곱셈을 해 보자. 다만 여기에는 한 가지 제약이 있다. '100에 가까운 수'라는 말대로, 100을 넘되 100보다 '너무' 크면 곤란하다. 답을 구할 수는 있지만, 계산이 너무 복잡해져서 이 방법의 이점을 살릴 수 없기 때문이다. 하지만 이 조건에 맞는 수들은 이 연산 방법을 가지고도 어려움 없이 풀 수 있다. 실제로 확인해 보자.

$$103 \times 115 = ?$$

연산 과정은 이미 위에서 자세히 살펴보았으니, 오래 붙들고 있을 필요가 없다. 익숙해지면 시작하자마자 답이 바로 나올 수도 있다. 그러니 속도를 내서 풀어 보자.

$$103 \quad 3$$
$$115 \quad 15$$

전체 과정을 한 줄로 늘어놓으면 더 빠르다.

$$103+15=118 \rightarrow 11800 \rightarrow 11800+(3 \times 15)=11845$$

따라서 $103 \times 115 = 11845$이다.

하지만 아직 문제가 하나 더 남아 있다. 만약 곱하려는 두 수 가운데, 하나는 100보다 크고 다른 하나는 100보다 작다면 어떻게 풀어야 할까? 걱정할 필요는 없다. 바로 계산해 보면 된다.

$$94 \times 112 = ?$$

우선 출발 자세를 취한다.

$$94 \quad -6$$
$$112 \quad 12$$

그리고 다음 단계로 달려간다.

$$94+12=106 \rightarrow 10600 \rightarrow 10600+(-6)\times12=10528.$$

따라서 94×112=10528. 벌써 끝났다! 모든 계산 결과는 하나도 틀림이 없다. 그러니 얼마나 행복한가! 혼자 풀어 보고 싶은 독자들을 위해, 독특한 모양의 연습 문제를 준비해 보았다. 한번 계산해 보자!

$$111\times111=?$$

제대로 풀었다면 연산 값의 숫자 모양 덕분에 다시금 기분이 좋아졌을 것이다. 마찬가지로 다음에 이어지는 세 수의 연산 또한 상당히 흥미롭다.

$$111\times101\times101=?$$

한층 더 높아진 백분율

내가 일상 속에서 가장 좋아하는 수학적 사실이 무엇인지 누군가 묻는다면, 기꺼이 다음의 문장으로 답을 할 것이다.

y의 x%는 x의 y%와 같다.

이 말을 풀면 x에 $\frac{y}{100}$를 곱한 값과 y에 $\frac{x}{100}$를 곱한 결과는 같다는 뜻이 된다. x와 y가 각각 48과 75라고 할 때, 75의 48%를 계산하려면 어떻게 해야 할까.

이번 장의 주제인 두 자리 수의 곱셈법으로 먼저 두 수를 곱해 $48 \times 75 = 3600$을 구하고 이를 100으로 나누면 된다.

거꾸로 48의 75%의 연산은 더 간단하다. 75%는 $\frac{3}{4}$이므로, $\frac{3}{4} \times 48 = 3 \times 12 = 36$이다.

y의 x%는 x의 y%와 같다. 이 문장에 담긴 백분율에 관한 사실은 곱씹을수록 명료하고 멋들어진다. 내가 이 문장을 책에 담은 이유는 백분율, 즉 퍼센트가 일상생활에서 더욱 널리 사랑받기를 바라는 마음 때문이다. 백분율은 거리의 모든 모퉁이마다 자리하고 있으며 세상의 온갖 물건들에도 담겨 있지만, 실제로 퍼센트를 제대로 이해하고 다루는 사람들은 그리 많지 않다. 백분율은 우리의 일상에 녹아 있는 수학이며 실생활에도 무척 유

용하다. 퍼센트를 잘 이해하면 빠르게 목욕을 하러 갈 수도 있다. 무슨 뜻이냐고? 온천으로 유명한 노르데나우의 지역 일간지, 《노르데나우어 바데차이퉁Norderneyer Badezeitung》의 1991년 기사를 보자.

몇 년 전만 해도 자동차 운전자의 10분의 1 가량이 과속을 했다. 그런데 오늘날은 운전자의 5분의 1 정도가 도로 위를 빠르게 달리고 있다. 하지만 5퍼센트도 너무 많다. 그러므로 앞으로는 과속 운전자들의 숫자를 세어 통제를 해야 한다.

위에서 언급한 백분율 등식이 내가 일상 속에서 가장 좋아하는 수학 규칙이라면, 두 번째로 아끼는 규칙은 분수 연산과 관련되어 있다. 그 수식은 다음과 같다.

$$\frac{a}{b} : \frac{c}{d} = \frac{a : c}{b : d}$$

이처럼 분수는 각각 따로 나눌 수 있다. 분수를 이런 식으로 다루면 학교에서 배운 방식보다 간단하게 풀 수 있다. 학교에서 가르치는 규칙대로 분수를 나누려면 역수를 곱해야 한다. 그런 다음에도 계산은 계속 이어진다. 그렇지만 위의 분수 규칙을 활용하면 연산이 단번에 끝이 난다. 결과는 어차피 똑같다. 먼 길을 돌아가지 않고 직접 가로지른 것뿐이다. 말하자면 이 분수 규칙은 지름길인 셈이다. 거기다 오류가 생길 가능성도 적고 활용하기도 편리하다.

제곱 쉽게 하는 법

이번에 다룰 주제는 바로 제곱이다. 보통 제곱이라고 하면 특수한 암산 기술이 필요할 거라 생각한다. 암산으로 제곱을 순식간에 풀어내는 일이 과연 가능한지 의문을 품는 사람도 있을 것이다. 만약 가능하다면, 어떤 방법일까? 제곱을 하려면 당연히 곱셈을 해야 한다. 곱셈을 할 줄 알면 제곱을 할 수 있다. 그럼 다음의 연산도 해볼 만하다.

$$87^2 = ?$$

먼저 제곱할 수의 숫자들 사이에 기다란 선을 그려 보자. 그러면 다음과 같은 모양이 된다.

$$8 \mid 7$$

가운데 선은 그저 두 수를 분리해서 계산하려고 그려놓은 것이니 특별한 의미는 없다. 제곱 연산이 끝날 때까지 이 선을 중심으로 왼쪽과 오른쪽을 분리해서 계산할 것이므로, 암산을 하더라도 머릿속에 이 선을 그려두면 좋다. 이제 왼쪽과 오른쪽을 따로 제곱할 것이다. 그리고 가운데에는 양쪽의 두 수를 곱한 값의 두 배를 적어 준다.

$$8^2 \mid 2 \times 8 \times 7 \mid 7^2$$

여기까지가 사전 작업이다.

이제 선으로 나눈 각 영역에 있는 수를 계산하면 된다. 연산은 오른쪽부터 시작하며, 값이 1의 자리를 넘기면 다음 칸으로 올려 준다. 그렇게 해서 나온 값들을 오른쪽 1의 자리부터 차례로 적어 주면 답이 나온다. 즉 ① 맨 오른쪽 칸을 계산하면 7^2=49가 되는데, 1의 자리 9는 남기고 4는 왼쪽으로 올려 준다. 9는 제곱 값의 1의 자리에 해당한다. ② 가운데 칸을 계산한 값에 오른쪽에서 넘어온 4를 더하면, $(2 \times 8 \times 7)+4$=116이 나온다. 마찬가지로 1의 자리인 6은 남기고 11은 다음 칸으로 올린다. 6은 제곱 값의 10의 자리가 된다. ③ 마지막으로 맨 왼쪽 칸을 계산해서 가운데 칸에서 넘어온 11을 더한다. $8^2+11=75$. 이제 더는 할 게 없다. 이 수들을 오른쪽부터 나란히 붙여 주면 답이다.
$87^2=7569$

특수한 제곱을 위한 특별 코너

1~25를 제곱한 수는 상대적으로 외우기 쉽다. 25~75를 제곱한 수는 50을 기준으로 연산해서 구할 수 있다. 아래의 이항식을 참고해 보자.

$$(50+x)^2=(50+x)\times(50+x)=2500+100x+x^2$$
$$(50-x)^2=(50-x)\times(50-x)=2500-100x+x^2$$

예를 들어 69의 제곱을 이 방식으로 계산하면 다음과 같다.

$$69^2=(50+19)^2=2500+1900+361=4761$$

이번에는 37을 제곱한 수를 구해 보자.
37=50-13이므로, $37^2=2500-1300+169=1369$이라는 답이 나온다.

이해가 되었다면 더 큰 수들을 향해 속도를 내 보자. 75~125를 제곱한 수도 비슷한 방식으로 구하면 된다. 대신 여기에서는 100을 기준으로 삼아야 한다.

$$(100+x)^2=(100+x)\times(100+x)=10000+200x+x^2$$
$$(100-x)^2=(100-x)\times(100-x)=10000-200x+x^2$$

그럼 이 방법으로 87의 제곱을 구하면 어떤 값이 나올까?

$$87^2=(100-13)^2=10000-(200\times13)+13^2$$
$$=10000-2600+169=7569$$

앞서 가운데에 선을 그어 계산한 결과와 같다. 그러니 각자 더 쉽고 빠른 쪽을 선택하면 된다. 아마 취향에 따라 사람마다 선호하는 방법이 다를 것이다. 방금 살펴본 이 방법은 100이 넘는 수에도 적용할 수 있다는 장점이 있다. 115를 제곱한다면 이렇게 풀면 된다.

$$(115)^2=(100+15)^2=10000+(200\times15)+15^2$$
$$=10000+3000+225=13225$$

지금까지는 독자들을 위해 계산 과정을 일일이 정리하면서 풀어 보았지만 앞으로는 조금 냉정하게, 기나긴 수식 없이 바로 바로 연산을 진행해 보겠다. 이제 내 도움 없이 여러분 스스로 머릿속에 식을 떠올려야 한다. 그렇다고 내가 어디로 멀리 떠나 버린 건 아니다. 단지 여러분이 혼자 힘으로 더 빠르게 생각하고 계산할 수 있도록 살짝 거리를 둔 것뿐이다.

그런 의미에서 문제 몇 개를 더 준비했다. 다음에 소개하는 등식들의 콜라주를 살펴보자. 우연이 만들어 낸 수들의 기묘한 조합이 다시 등장했다. 볼수록 신기하고도 매력적인 우연이다. 각 수들의 자리 변화를 유심히 들여다보면서, 앞서 배운 방식들로 아래의 등식을 검산해 보자.

$$12^2 = 144, \quad 21^2 = 441$$

한 쌍이 더 있다.

$$13^2 = 169, \quad 31^2 = 961$$

개인적인 취향이겠지만, 나는 이런 류의 산술을 좋아한다. 즐겁게도 다른 예가 더 있다.

$$(20+25)^2 = 2025$$
$$(30+25)^2 = 3025$$
$$(98+01)^2 = 9801$$

다음에 소개할 맛보기 문제들은 특히 하드보일드한 취향을 가진 이들에게 짜릿함을 선사할 것이다. 바로 '피타고라스의 세 수Pythagorean triple'이다. 피타고라스의 세 수란, 피타고라스의 정리를 충족시키는 세 정수 x, y, z의 묶음을 말하는 것으로, 직각삼각형의 세 변의 길이를 의미한다.

가장 간단한 세 정수는 $3^2 + 4^2 = 5^2$이며, $33^2 + 44^2 = 55^2$으로 확장할 수도 있다. 더 큰 수로 올라가면 이중으로 피타고라스의 정리를 충족하는 양상들도 있다. $85^2 = 77^2 + 36^2 = 84^2 + 13^2$

제곱수 사이에 뺄셈 기호가 들어가는 걸 선호한다면, 피타고라스의 세 수 사이의 관계를 뒤집어도 된다. 예를 들자면,

$$17^2 - 15^2 = 8^2$$
$$65^2 - 56^2 = 33^2$$

하지만 개인적으로 나는 단순한 걸 좋아하기 때문에, 이렇게 뒤집어 표현하는 것보다는 이 식이 더 마음에 든다.

$$3^2+4^2=5^2$$

연달아 이어지는 세 수의 제곱수가 등장하는 등식은 또 있다.

$$10^2+11^2+12^2=13^2+14^2$$

더 많은 수가 나오면서 자리를 많이 차지하기는 하지만, 이런 식도 있다.

$$21^2+22^2+23^2+24^2=25^2+26^2+27^2$$

스물다섯 개의 제곱수 사이에서 벌어지는 이런 귀여운 연산도 있다.

$$1^2+2^2+3^2+\cdots+24^2=70^2$$

혹시나 이 등식을 보며 손 댈 것도 하나 없고 딱히 특별하지도 않다고 불만스러워 한다면, 나는 조금 서운할 것 같다. 흔히 볼 수 없는 희귀한 등식을 찾았으니, 기쁜 마음으로 잠시 숨을 돌리고 넘어가자.

제곱수와 원주율

지금부터 다룰 내용은 가히 제곱수 왕국의 보물이라 할 수 있다. 이 보물에 호기심이 일지 않는다면 나는 몹시 당황스러울 것 같다. 숨이 막힐 정도로 놀랍고 불가사의한 사실이 기다리고 있기 때문이다. 다음 내용을 보면 원주율 π가 도대체 어디에서 왔는지 알게 될 것이다. 제대로 공증을 받은 사실이므로 믿어도 좋다.

두 정수 x와 y를 각각 제곱해서 더한 합을 n이라고 할 때 ($x^2+y^2=n$), 임의의 자연수 n에 대하여 (x, y) 한 쌍이 나올 경우의 수를 평균하면 그 값은 원주율과 같다!!

놀랍지 않은가? 느낌표를 두 개나 붙인 위의 문장은 내가 아끼는 수학 법칙 중 하나다. 지금까지 소개했던 문장들이 일상 수학과 관련된 것이라면 이번 문장은 실로 '수학적'이다. 제곱수의 블록버스터라 할 만한 이 문장은 경우의 수로 원주율을 구할 수 있는 새로운 가능성의 문을 열었다. 그럼 얼른 그 문을 열고 들어가 보자.

자연수 가운데 임의로 하나를 골라 N이라고 한 다음 1, 2, …, N까지의 수를 각각 색종이에 적어 모자 안에 넣는다. 그 중에서 무작위로 한 장을 뽑아 M이라 하고, M이 '두 정수의 제곱을 합한 값'이 될 수 있는 경우의 수를 세어 보자. 그리고 이 과정을 반복해서 기록해 보자. N이 클수록 경우의 수의 평균값은 원주율 π에 가까워진다. 또 M을 뽑는 횟수가 많을수록 값은 더욱 정확해진다. 설명만 들어서는 감이 잘 안 올 테니 직접 해 보자.

① 나는 N을 100으로 정하고 그 안에서 M을 열 번 뽑기로 했다. 그렇게 해서 종이를 무작위로 뽑은 결과 (2, 72, 83, 32, 91, 24, 32, 26, 99, 5)가 나왔다.

② 이제 이 수들이 두 정수의 제곱을 합한 값이 될 수 있는 경우의 수를 세어 보자. 맨 마지막에 뽑은 5를 예로 들자면, $x^2+y^2=5$라는 등식이 성립하는 (x, y)의 쌍은 (1, 2), (2, 1), (-1, 2) 등 모두 8개가 나온다. 이런 방식으로 열 개의 수 각각에 대하여 경우의 수를 구해 보면 (4, 4, 0, 4, 0, 0, 4, 8, 0, 8)이 된다. 여기까지는 어딘가 조악하고 엉성해 보일 수도 있다. 하지만 금방 π에 가까워질 테니 걱정은 넣어 두자.

③ 이제 이 수들의 평균을 구해 보자.

$$\frac{4+4+0+4+0+0+4+8+0+8}{10}$$

M을 모두 열 번 뽑았으므로 10으로 나누면 평균은 3.2가 된다. 어떤가. 분명 들쭉날쭉한 수들로 이루어진 경우의 수였는데,

평균을 내니 π에 가까워졌다. 다시 정리하면, 두 정수의 제곱을 합하여 M이 나올 수 있는 경우의 수를 모아 평균을 내보았더니, 원주율에 가까운 3.2가 나온 것이다.

우리는 간단히 종이 뽑기 방식으로 구해 보았지만, 실제로 이 원칙은 상당히 복잡하고도 깊은 수학적 사고와 연계되어 있다. 정수의 제곱과 원 사이의 관계, 따라서 사각형과 원의 관계에 바탕을 둔 원리이기 때문이다. 제곱수의 합이 삼각형과 관련되어 있다는 사실은 다들 익히 알고 있을 것이다. 피타고라스 덕분에 삼각형과 제곱수는 우리에게 그리 낯설지 않다. 그렇다면 제곱의 합과 원주율(π) 그리고 원은 어떤 관계가 있는 걸까? 이는 결코 쉬운 문제가 아니다. '파이(π) 선생'은 그리 만만한 상대가 아니다.

그래도 살짝 만만한 π도 있긴 하다. 다음 관계를 보면 π도 별거 아니라고 느껴질지도 모르겠다.

Ⅰ 나노세기Nanocentury≈π초

세기(100년) 앞에 붙은 '나노'라는 말은 10억분의 1, 즉 $\frac{1}{10^9}$을 의미한다. 따라서 위 식을 문장으로 풀어 말하면, "한 세기를 십억으로 나누면 대략 3.14…초와 같다"는 뜻이 된다. 그래서 초 단위 시간과 연 단위 시간을 어림잡아 환산할 때 공학도들은 π를 애용하곤 한다. 소프트웨어 개발자들 사이에서는 대충 어림잡아 계산한다는 뜻으로 '엄지손가락을 π 번 들기'라는 말이 흔히 사용되기도 한다.

한편 '오일러의 수' e에도 좀 쉬운 버전이 있다. 이번엔 분수로 되어 있다.

$$e \approx \frac{100\degree c}{36.8\degree c}$$

오일러의 수는 물의 끓는점이나 건강한 성인의 평균 체온과 어떤 관계가 있는 걸까? 수수께끼가 아닐 수 없다. 아니면 그저 우연일지도 모르겠다. 나는 후자 쪽에 마음이 기운다.

e와 π 모두 수학에서 아주 유명한 상수들이다. 둘 다 여기저기에 굉장히 자주 등장하며 갑작스럽게 툭하고 튀어나올 때도 있다. 나 또한 이들을 즐겨 쓴다. 예컨대 수학에 대한 나의 흥미는 $\frac{e}{\pi}$ 만큼이며, 그것이 내 삶의 기쁨이기도 하다.

특별한 상수와 관련된 이야기는 이쯤에서 맺도록 하자. 이 정도면 우리의 호기심과 즐거움도 어느 정도는 채워진 것 같다. 끝으로 수학계의 귀족이자 유명 인사라 할 만한 독특한 등식 몇 가지를 살펴보겠다.

$$12+43+65+78=87+56+34+21$$

'별로 특별하지 않은데?'라고 생각할지도 모르겠다. '어떤 네 수의 합과 다른 네 수의 합이 같다'는 등식은 아동용 산수책에 수도 없이 등장하니까. 하지만 자세히 들여다보면 등식의 왼쪽과 오른쪽에 사용된 숫자가 모두 1에서 8로 동일하다는 걸 알 수 있다. 그럼 누군가는 이렇게 말할지도 모른다. "나한테 한 15분만 주면, 나도 저런 등식 하나쯤은 금방 만들어 낼 수 있을걸?" 물론 나도 그렇게 생각한다. 여기까지만 보면 전혀 특별할 게 없다. 하지만 그게 끝이 아니다. 아직 뭔가가 더 남아 있다. 이 등식은 앞서 언급했던 '회문'이다. 앞에서부터 읽으나 뒤에서부터 읽으나 숫자들의 배열이 정확히 일치한다. 이제 흥미가 좀 생겼는가?

여러분의 주의를 끌기 위해 나름 노력하고 있는데 생각보다 쉽지가 않다. 모자 속에서 마술을 부린다는 게 그리 간단한 작업은 아니다. 이제 본격적으로 마술을 부려 보자. 제대로 된 마술을 하려면 처음부터 쉽게 비밀을 드러내서는 안 된다. 금방 들통이 나면 곤란하니까. 위에 소개한 등식의 수 배열을 그대로 둔 상태로 각각의 수를 제곱하면, 과연 어떤 결과가 나올까?

$$12^2+43^2+65^2+78^2=87^2+56^2+34^2+21^2$$

이렇게 변형해도 등식은 성립한다. 더 나아가 등식의 좌변에 있는 수의 첫 자리 1, 4, 6, 7을 우변에 있는 수의 첫 자리 8, 5, 3, 2와 무작위로 묶어서 두 자리 수를 만들면, 마찬가지로 그 수들의 합뿐 아니라 각 수를 제곱한 합도 같아지는 등식이 또 나온다. 예를 들면 다음과 같다.

$$72+13+45+68=86+54+31+27$$
$$72^2+13^2+45^2+68^2=86^2+54^2+31^2+27^2$$

1부터 8까지 여덟 개의 숫자를 조합해서 이와 같은 등식이 나올 수 있는 가짓수는 모두 $4 \times 3 \times 2 \times 1 = 24$가지다. 그 가운데 우리는 두 개를 살펴본 것뿐이다. 조금이라도 짜릿해졌다면 다행이다. 위에서 소개한 독특한 등식들을 계산하고 검산해 보면서, 제곱을 암산하는 기술에 약간이라도 흥미가 생겼기를 바란다. 그것만으로도 나는 충분히 만족한다.

앞자리가 같은 수들의 곱셈법

이 제목에서 어떤 암산을 기대하게 될지는 모르겠지만, 예를 들면 이런 연산이 아닐까 싶다.

21×23=?

보다시피 곱하려는 두 수는 10의 자리 수가 같다. 이 값을 빠르게 구하는 방법은 이미 앞에서 소개했다. 복습삼아 간략히 정리하면, 먼저 두 수에서 공통되지 않는 수(1의 자리 수)를 곱한 값 1×3=3을 1의 자리에, 공통되지 않는(1의 자리) 수를 더한 값에 공통되는(10의 자리) 수를 곱한 값 (1+3)×2=8을 10의 자리에, 공통되는(10의 자리) 수를 제곱한 값 2×2=4를 100의 자리에 놓으면 된다. 한 번 더 해 보자.

$$84×85=?$$

순식간에 답을 구할 수 있을 것이다. 그리고 그 값은 분명히 정답일 것이다. 혹시 삼각수Triangular number를 만나더라도 아무 문제 없이 풀어낼 수 있을 것이다. 삼각수란 정삼각형을 만들어 주는 수 1, 3, 6, 10…을 말하는데, n번째 삼각수는 1부터 n까지의 수를 다 더한 값이다. 1부터 n까지의 덧셈은 꼬마 가우스를 떠올리면 금방 해결될 일이다. 즉 84번째 삼각수(1부터 84까지의 수를 모두 더한 값)는 $\frac{84×85}{2}$ 이다.

그런데 이 방법은 받아올림만 신경써 주면 심지어 세 자리 수에도 적용할 수 있다. 그것이 이번에 소개할 특별 전술이다. 다음의 세 자리 수를 곱해 보자.

$$213×210=?$$

앞에서 3단계로 진행했던 연산 과정을 그대로 적용하되 맨 앞자리의 2를 공통된 수로, 나머지 두 자리는 공통되지 않는 수로 구별하면 된다. 정리하면 다음과 같다.

① 공통되지 않는 두 수를 곱하면: 13×10=130

② 공통되지 않는 두 수의 합에 공통되는 수를 곱하면:

(13+10)×2=46

③ 공통되는 수를 제곱하면: 2×2=4

이제 받아올림만 정리해 주면 된다. 처음에 나온 130에서 끝 두 자리 30은 연산 값의 맨 끝자리에 놓고 1은 다음 자리로 올려 준다. 두번째 단계에서 나온 46에 앞에서 올라온 1을 더한 46+1=47을 다음 자리에 놓으면 일단 4730이 된다. 이제 마지막 한 걸음만 더 보태면 된다. 가끔 결승점을 눈앞에 두고 비틀거리는 경우가 있는데, 끝까지 집중해야 한다. 두번째 단계에서 나온 46이 두 자리 수여서 다음 단계로 넘길 셋째 자리가 없다고 해서 이쯤에서 끝을 내면 안 된다. 세번째 단계에서 나온 4가 아직 남아 있기 때문이다. 4는 누구랑 더할 필요도 없이 그저 연산 값의 맨 앞에 놓아 주면 된다. 그러면 44730이라는 값이 나오고 이것이. 213×210의 답이다. 이번 연산 과정에서는 결과 값의 자리에 특히 주의하면서 숫자들을 배열해야 한다. 두 자리씩 끊어서 받아올리는 게 핵심이다.

세 자리 수로 이루어진 다음 등식으로 이 연산 방법을 조금 더 훈련해 보자. 거울에 반사된 듯 귀여운 등식이 또 등장했다.

$$201 \times 204 = 402 \times 102$$

마지막으로 여러 연산이 복합적으로 섞인 연습 문제를 준비했다. 지금까지 나왔던 연산 방법들을 두루 활용하기에 좋은 문제다.

$$11 \times 101^2 = ???211$$

문제를 제대로 풀었다면 숫자들의 독특한 조합이 눈에 띨 것이다.

앞자리가 같은 수들의 연산 다음에는 어떤 주제가 와야 할까?

끝자리가 같은 수들의 곱셈법

제목만 보면 굉장히 드라마틱한 전개다. 앞자리가 같은 수에 이어 끝자리가 같은 수들이 등장한다니, 딱 떨어지는 느낌이다. 지금까지 진행된 수많은 연산들로 몸이 충분히 풀렸으니 바로 실전 문제로 들어가 보자.

$$63 \times 43 = ?$$

두 자리 수 곱셈의 복습이니 어렵지 않을 것이다.

① 공통되는 수를 제곱한 3×3=9를 맨 끝자리에 놓고

② 공통되지 않는 두 수를 더한 값에 공통되는 수를 곱한 (6+4)×3=30에서 끝자리 0은 남겨두고 3은 다음 자리로

올린 다음

③ 공통되지 않는 두 수를 곱한 값에 ②에서 올라온 3을 더한 (6×4)+3=27을 맨 앞에 놓으면 최종적으로 2709가 구하는 답이다.

이 방법도 마찬가지로 세 자리 수로 확장할 수 있다. 아래에 소개할 두 개의 등식이 이 연산 기법을 연습하기에 아주 적절하다. 두 등식 모두 교육적으로 가치가 있을 뿐 아니라 미적으로도 뛰어나다. 연산하려는 두 수의 자리 배열을 뒤집어서 연산했는데도 결과가 달라지지 않기 때문이다. 게다가 앞자리가 같은 수의 곱셈과 끝자리가 같은 수의 곱셈을 한꺼번에 연습할 수 있는 탁월한 문제들이다.

$$39 \times 31 = 93 \times 13$$
$$102 \times 402 = 201 \times 204$$

마지막으로 121이라는 수의 소박한 독창 무대를 감상하자. 앞자리가 같은 수의 연산이든 끝자리가 같은 수의 연산이든 둘 중 하나를 마음대로 선택해서 풀면 된다.

$$121 \times 121 = ?$$

답이 구해졌다면 한 가지 확인할 게 있다. 답으로 나온 숫자들의 배열이 대칭이어야 한다. 만약 대칭이 아니라면 옳은 답이 아니다.

고대 중국인들의 산가지 곱셈법

다들 여기까지 잘 따라오고 있으리라 믿는다. 새로운 주제로 넘어갈 준비가 되었는가? 이번에는 특별히 좀더 흥미로운 내용을 마련했다. 독자들의 흥미를 한껏 끌 수 있을 거라 자부할 만한 내용이어서인지 시작부터 기분이 좋다.

지금부터 소개하려는 연산 기법은 뭔가 멋들어지고 매력적이면서 비범하기까지 하다. 이 방법을 활용하면 두 자리 수의 곱셈을 빠르게 해낼 수 있다. 물론 그런 방법들이야 앞에서도 계속 다루었지만 이 방법은 앞선 방식들과는 차이가 있다. 우선 역사가 무척이나 오래되었으며, 이른바 '가운데 나라'(=중국)에서 유래한 손놀림 연산이라는 점에서 자세히 살펴볼 필요가 있다. 게다가 이 연산은 그림으로도 표현이 가능하다. 연산을 구현한 그림은 시각적으로 매우 뛰어나고 기품이 있을 것이다.

산가지로 하는 액션 수학

고대 중국인들은 유럽인들보다 앞서 종이와 인쇄술 그리고 나침반을 발명했을 뿐 아니라, 산가지를 이용한 연산 방법도 개발해 냈다. 손을 움직여야 하는 이 산가지 기법은 고대 중국인들이 얼마나 민첩하고 영리한 손기술자였는지를 잘 보여준다. 21×32를 예로 들어 고대 중국으로 계산 모험을 떠나 보자. 방법은 다음과 같다.

① 우선 연산하려는 두 수의 1의 자리 수와 10의 자리 수만큼 각각 산가지를 준비하고, 각 자리를 멀찍이 떨어뜨려 비스듬하게 놓는다. 아래의 그림에서처럼 연산하려는 두 수가 교차할 수 있도록 반대 방향으로 산가지를 놓아 준다.

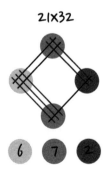

② 이제 연산만 남았다. 이해를 돕기 위해 산가지가 교차하는 지점들을 농도가 다른 색으로 표시해 두었다. 농도가 같은 지점에서 산가지가 교차하는 점의 개수를 세어주기만 하면 된다. 두 수의 1의 자리에 해당하는 산가지가 교차하는 오른쪽 가장 진한 부분이 1의 자리다. 가운데에 아래위로 농도가 같은 두 부분을 더하면 10의 자리이고, 두 수의 10의 자리가 교차하는 가장 연한 왼쪽 부분이 100의 자리이다. 벌써 끝이 났다!

경쾌하고 막힘없으며 그림엽서처럼 멋지지 않은가. 전 과정이 하나같이 매끄럽고 시원시원하다. 운이 딱딱 맞는 게 마치 징글벨 같다! 아니, 그런 표현으로는 부족하다. 차라리 명상을 할 때 울려퍼지는 웅장한 징 소리에 가깝다!

위에서 다룬 예는 전형적인 기본 문제였다. 하지만 교차점의 개수가 두 자리를 넘어가면 어떻게 될까? 산가지만으로는 더 이상의 단계가 어려울 것 같지 않은가? 고대 중국인들은 이 난관을 어떻게 대처했을까? 사실 그리 큰 문제는 아니었다. 그들은 10의 자리로 넘어간 수를 자연스럽게 다음 단계로 올려주는 방법을 선택했다. 34×53을 산가지로 계산하며 그 과정을 살펴보자. 다음 그림을 보면 곧바로 이해가 갈 것이다. 그림만으로 연산 과정이 설명될 뿐 아니라 모양마저 예쁘기까지 하다. 보기만 해도 기분이 좋아지는 연산이다.

34×53

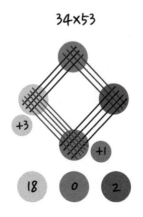

+3

+1

18   0   2

위의 그림처럼 산가지로 연산을 하면, 34×53=1802가 나온다.

이제 여러분들은 그 어떤 상황이 닥쳐도 능히 해낼 수 있을 것

이다. 스스로의 실력을 확인할 시간이다. 지금껏 배운 암산 기법

을 바탕으로 아래의 등식을 검산해 보자. 또 산가지를 활기차게

움직이며 연산을 확인해 보자!

$$12 \times 42 = 21 \times 24$$
$$23 \times 64 = 32 \times 46$$
$$46 \times 96 = 64 \times 69$$

중세 • 아랍인들의 바둑판 곱셈법

이번에 다룰 내용은 최소한 천 년은 묵은 곱셈 기술이다. 그런데도 모양과 방법이 상당히 현대적이다. 바둑판무늬를 기본으로 하는 이 연산 기법은 다양한 지역과 문화권에서 여러 세대에 걸쳐 등장했다.

이 기법은 모로코의 수학자이자 천문학자인 이븐 알 반나 알 마라쿠시Ibn al-Banna'al-Marrakushi(1256~1321)가 개발한 것으로 추정된다. 이 유능하고 박학다식한 수학자는 고대 그리스의 수학서인《유클리드의 원론Euclid's Elements》을 아랍어로 번역했으며, 스스로 연구한 내용들을 수많은 저서로 남기기도 했다. 그 가운데 가장 유명한 책은《산술 기법 정리Talkhis amal al-hisab》로, 이제부터 살펴볼 바둑판무늬 연산도 이 책에 담겨 있다. 21×32를 바둑판무늬 그림으로 나타내면 다음과 같다.

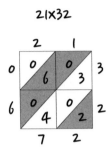

더 빠르고 더욱 멋진 고대 아라비아 양식

위의 방식과 유사한 연산 기법을 이보다 더 전에 개발한 사람이 있다. 페르시아 출신의 뛰어난 학자, 무하마드 알 카라지 Muhammad Al-Karaji가 1010년경에 펴낸《충분한 계산Kafi fil-Hisab》에는 이와 닮은 계산 기법이 등장한다. 월드와이드웹에 능숙한 수학자답게 나는 이런 정보들을 모두 위키피디아Wikipedia 사전에서 직접 조사했다. 위키피디아에는 이것말고도 다양한 정보들이 넘쳐난다. 이를테면 알 카라지가 수학책뿐 아니라 지리학 관련 교과서를 썼다는 내용도 있다. 그가 펴낸 지리책에는 여러 훌륭한 이론들이 담겨 있는 데다, 지구가 둥글다는 주장도 언급되어 있다고 한다.

바둑판무늬 연산으로 돌아가서, 아마 위의 그림만 보고도 연산 과정이 거의 다 파악되었을 것이다. 혹시라도 설명이 필요한 독자들을 위해 짧게 정리를 해 보자. 먼저 연산하려는 수의 자리에 맞춰 바둑판을 그려 준다. 두 자리 수끼리의 곱셈이므로 2×2만큼의 바둑판무늬를 그린 다음, 두 수를 각각 바둑판의 위쪽과 오른쪽에 배열해 준다. 그리고 바둑판의 각 칸을 대각선으로 나눈다. 그리고 위쪽과 오른쪽의 수들을 각각 곱해서 그 값을 해당 칸에 적어 준다. 곱셈값이 두 자리로 넘어가면 10의 자리 수를 대각선의 위 칸에 적어 주고, 한 자리 수가 나오면 위 칸에는 0을 써넣는다.

그러고는 오른쪽에서부터 시작해서 수들을 대각선으로 더한다. 위의 그림에서는 함께 더해 줄 대각선 영역을 같은 색으로 구분해 두었다. 맨 오른쪽 첫번째 대각선에는 수가 2 하나만 있다. 그리고 두번째 대각선 영역에는 3, 0, 4가 있으므로 모두 더하면 7이 된다. 그 다음 대각선에 놓인 0, 6, 0을 더하면 6이 나온다. 마지막 대각선 영역에는 0 하나만 놓여 있다. 이렇게 대각선으로 더하여 나온 수들을 끝에서부터 차례로 정리하면 672가 된다. 곱하려는 수들을 바둑판에 놓으면 계산이 이렇게나 쉽다. 이 예시는 바둑판 연산의 달콤한 면을 보여 주기에 충분했다.

하지만 모든 연산이 이처럼 간단한 건 아니다. 무엇보다 대각선 영역을 더한 값이 두 자리로 넘어갈 경우에 유의해야 한다.

각 영역의 덧셈이 두 자리 수가 되면 1의 자리는 그대로 남기고 10의 자리는 다음 대각선 영역으로 넘겨 덧붙여 준다.

　이 방법의 강점이 아직 하나 더 남아 있다. 바둑판무늬는 두 자리 수 이상의 연산에도 아무런 거부 반응이 없다. 아래의 세 자리 수 곱셈을 보며 그 사실을 확인해 보자.

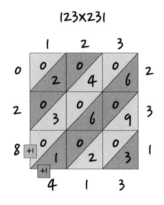

　이렇게 해서 123×231=28413 이라는 답이 나온다.

　'섹시하다'는 말은 바로 이런 상황에 어울리는 표현이다. 연산 과정뿐 아니라 이런 방식을 발견한 사람에게도 해 주고 싶은 말이다. 정말 섹시하지 않은가. 시각적으로도 훌륭하지만 기발한 도식 자체가 섹시함의 정점이다. 그야말로 여러 면에서 매혹적인 연산 기법이다.

　이제 직접 테스트를 해 보자. 독자들의 계산 연습을 위해 등식

두 개를 준비했다. 아래의 등식들은 각기 다른 방식으로 대칭을 이루고 있다. 바둑판무늬를 활용해서 이들을 직접 계산해 보자.

$$861 \times 168 = 492 \times 294$$
$$213 \times 624 = 426 \times 312$$

'세제곱'이라는 삼중고

제목에서 짐작할 수 있겠지만, 이번에 다룰 내용은 세제곱이다.
세제곱은 같은 수를 세 번 거듭 곱하는 일로, 수식으로 표현하면
다음과 같다.

$$15^3 = ?$$

이처럼 두 자리 수의 세제곱을 구할 때에는 각 자리를 분리해
서 생각하면 편하다. 1의 자리를 b라고 하고 10의 자리를 a라고
하면, 15는 a=1과 b=5로 분리할 수 있다. 지금부터 소개하려는
세제곱 연산 방법은 다음의 이항 방정식을 토대로 하고 있다.

$$(a+b)^3 = a^3 + 3a^2b + 3ab^2 + b^3$$

하지만 우리가 하려는 곱셈을 위의 방정식에 그대로 대입하지는 않을 것이다. 이 틀을 차용하되 변형된 형태로 활용할 것이다. 우리가 다루려는 건 $10a+b$여서 때문에 $a+b$의 세제곱 공식을 바로 사용할 수는 없기 때문이다. 이 이항 방정식의 틀에 기반해서, 앞서 두 자리 수를 제곱했던 방법처럼 따로 처리할 연산들을 나눠서 정리해 보자. 앞에서와 마찬가지로 숫자 사이의 선은 단순히 구분을 위한 것이므로 크게 신경쓰지 않아도 된다.

$$a^3 \mid b^3 \rightarrow a^3 \mid 3a^2b \mid 3ab^2 \mid b^3$$

이처럼 방정식을 변형한 틀에 우리가 구하려는 수 15를 적용하면 된다. 그럼 같이 계산해 보자!

$$1 \mid 5 \rightarrow 1^3 \mid 3 \times 1^2 \times 5 \mid 3 \times 1 \times 5^2 \mid 5^3$$

구분선에 유의하여 각 영역을 따로 계산하면 다음과 같은 값이 나온다.

$$1 \mid 15 \mid 75 \mid 125$$

여기까지 왔다면 연산은 거의 다 끝났다. 나열된 수들을 오른쪽부터 정리해서 답을 뽑아내기만 하면 된다. 먼저 가장 오른쪽에 있는 125에서 1의 자리인 5를 남기고 12는 올려 준다. 다음 칸으로 넘어가 75에 앞서 넘어온 12를 더한다. 12+75=87에서 역시 7은 남기고 8은 올린다. 그리고 다음 칸의 15를 앞에서 넘어온 8과 더해 준다. 8+15=23이고 마찬가지로 3은 남겨 두고 2는 다음 칸으로 올려 준다. 마지막으로 가장 왼쪽에 있는 1과 앞에서 넘어온 2를 더하면 2+1=3으로, 정리하면 15^3=3375이다.

아래의 등식을 풀면서 스스로의 실력을 확인해 보자. 나란히 세제곱을 붙이고 늘어선 수들이 모두 마냥 평화로워 보이기만 한다. 세제곱이라고 해서 꼭 위협적이고 분란만 가득한 것은 아니다. 일반적으로 세제곱은 온화한 편이다. 가끔 수가 커지고 사이사이에 연산 부호가 늘어날 때면, 어쩔 수 없이 그 운명을 받아들이는 것뿐이다. 아래의 등식만 봐도 세제곱한 수들이 얼마나 행복하고 평온한지 한눈에 알 수 있다.

$$16^3+50^3+33^3=165033$$

물론 아래의 제곱 등식이 더 명쾌하다. 마치 공장에서 뚝딱 찍어낸 것처럼, 복잡한 사고를 요구하지도 않는다.

$$12^2 + 33^2 = 1233$$

개인적으로 나는 컴퓨터와 같은 프로그램으로 문제가 쉽고 빠르게 처리되는 상황을 그리 선호하지 않는다. 수학적 사고 없이 기계적으로 풀리는 건 내 취향이 아니다. 하지만 수학 연산에도 가끔은 마치 컴퓨터로 푼 듯이 신속하고도 오류 없이 진행되는 문제들이 있다. 그런 문제들은 나의 수학적 취향을 건드린다. 그런 사례가 더 많았으면 좋겠다. 간단한 요령으로 문제가 뚝딱 풀리면서, 틀릴 가능성도 적고 시간도 절약된다면 얼마나 신나겠는가. 다음의 연산 과정은 그 대표적인 예이다. 짧은 시간 안에 바로 결과물이 나오는 흥미로운 연산이다.

$$\frac{37^3 + 13^3}{37^3 + 24^3} = \frac{37^{\cancel{3}} + 13^{\cancel{3}}}{37^{\cancel{3}} + 24^{\cancel{3}}} = \frac{37 + 13}{37 + 24} = \frac{50}{61}$$

하지만 주의해야 한다. 이런 연산이나 이와 비슷한 요령을 혼자서 아무 때나 따라 해서는 안 된다. 위험하기도 하고 부작용이 따를 수도 있기 때문이다. 가장 큰 위험은 답이 틀릴 수 있다는 사실이다. 이 연산은 어디에나 적용되는 요령이 아니며, 안타깝지만 틀린 답이 나올 경우가 훨씬 많다. 아래 연산도 마찬가지다. 거듭제곱이 붙은 수들을 보면 마음 같아서는 공중에 떠 있는 지

수를 지상으로 끌어내리고 싶을 때가 있는데, 물론 대부분은 불가능하지만 가능한 경우도 더러 있다. 이런 경우다.

$$31^2 \times 325 = 312325$$

미리 말했듯 이 연산도 극히 예외적인 사례이니 참고만 하길 바란다. 희귀한 예를 하나 더 준비했다. 수들의 앙상블이 펼치는 놀라운 장면이다.

$$(1+7+5+7+6)^3 = 17576$$
$$(1+9+6+8+3)^3 = 19683$$

괄호, 덧셈, 거듭제곱을 지우기만 하면 모든 과정이 순식간에 끝이 난다. 더할 것도 덜할 것도 없다. 이 계산들을 모두 생략해도 잘못될 게 없다! 이 등식에서 오른쪽에 놓인 두 수는 '듀드니 Dudeny 수'라고 불린다. 어떤 양의 정수의 각 자리를 더한 합과 그 수의 세제곱근이 일치할 때, 그 수를 듀드니 수라고 한다. 조건이 꽤나 까다롭기 때문에 듀드니 수는 그리 많지 않다. 이 조건을 만족하는 수는 0, 1, 512, 4913, 5832, 17576, 19683 이렇게 일곱 개뿐이다. 예컨대 512의 세제곱근은 8인데, 512의 각 자리를 더하면 5+1+2=8이 되므로 듀드니 수의 조건을 만족한다. 나는 이 일곱 개의 수들을 늘 머릿속에 담아 두고는, '예외적으로'라는 말을 써야 할 때마다 가끔씩 꺼내곤 한다. 이들은 실로 예외적인 수들이다. 덕분에 거듭제곱이 쉽게 풀렸으니 말이다.

트라첸버그의 세 자리 수 곱셈법

야콥 트라첸버그는 비범한 인물이다. 이미 앞에서 그의 생애를 구체적으로 살펴보았듯, 그의 일생은 남달랐고 그가 남긴 업적은 놀랄 만큼 뛰어나다. 그는 종이와 연필 하나 없이, 오직 두뇌와 정신력에 의지해서 수많은 암산 기법을 개발했다. 이제 트라첸버그의 암산 기법을 한 가지 더 소개해 보겠다. 트라첸버그의 방식으로 세 자리 수들의 곱셈을 감행할 텐데, 이 새로운 모험에 빠질 준비가 되었다면 설레는 마음을 안고 함께 시작해 보자.

가볍게 231×102부터 해 보자.

① 우선 연산하려는 두 수를 위아래로 나란히 적어 준다. 직접 종이 위에 써도 좋고, 상상력을 동원해서 머릿속에 숫자들을 나열해도 좋다.

$$2\ 3\ 1$$
$$1\ 0\ 2$$

② "먼저 수직으로 한 번, 그 다음 대각선으로 교차, 그리고 다시 수직으로"라는 트라첸버그 연산의 규칙을 기억하고 있다면 곧바로 진행해 보자. 먼저 연산 값의 1의 자리를 구해 보자. 두 수의 맨 오른쪽에 있는 1의 자리를 곱해 준다. $1 \times 2 = 2$가 연산 값의 1의 자리가 된다.

③ 연산 값의 10의 자리는 두 수의 10의 자리와 1의 자리를 대각선으로 곱해서 더해 준다. $(3 \times 2) + (0 \times 1) = 6$.

④ 연산 값의 100의 자리를 구하려면 대각선을 조금 길게 뻗어서 계산해야 한다. 연산하려는 수의 100의 자리와 1의 자리를 대각선으로 곱해서 더하고, 여기에 10의 자리끼리 곱한 값을 더해 준다. 말하자면 긴 대각선으로 두 번, 그리고 가운데 수직으로 한 번 곱해 모두 더하면 된다. $(2 \times 2) + (1 \times 1) + (3 \times 0) = 5$.

⑤ 그 다음 1000의 자리는 두 수의 100의 자리와 10의 자리를 교차해서 곱한 값을 더한다. $(2 \times 0) + (3 \times 1) = 3$.

⑥ 이제 연산 값의 첫 자리만 남았다. 다행히 아주 간단하다. 두 수의 100의 자리끼리 곱하기만 하면 된다. $2 \times 1 = 2$.

⑦ 각 단계에서 나온 결과들을 차례로 한데 모아 정리하면. 군

더더기 하나 없이 깔끔하게 진실이 드러났다.

$231 \times 102 = 23562$.

진정으로 아름다운 진실은, 아무런 꾸밈없이 그대로 드러날수록 더욱 아름답게 빛난다. 두 세 자리 수 사이의 곱셈도 각 자리를 따로 떼서 단순화하면, 이렇게 단 몇 줄로 간단하게 정리된다.

$$
\begin{array}{r}
2\,3\,1 \\
1\,0\,2 \\
\hline
2\,3\,5\,6\,2
\end{array}
$$

각 자리를 연산한 결과가 모두 한 자리 수일 경우에는, 이처럼 걸리적거리는 것 하나 없이 순조롭게 진행된다. 하지만 연산을 하다 보면 어떤 단계에서는 두 자리 값이 나올 때도 있다. 그럴 때는 앞서 여러 차례 되풀이했듯 '받아올림'을 하면 된다. 다른 예로 직접 풀어 보자. 이번에는 415×608이다.

① 가장 먼저 출발 자세를 잡아야 한다. 연산할 두 수의 각 자리 수들을 제 위치에 정렬해 주자.

$$
\begin{array}{r}
4\,1\,5 \\
6\,0\,8
\end{array}
$$

② 자리를 다 잡았다면 위에서 해봤던 트라첸버그의 방식으로 연산을 해 보자. 먼저 두 수의 끝자리끼리 곱한다. $5 \times 8=40$, 처음부터 두 자리 수가 나왔다. 여기에서 나온 1의 자리 0은 연산 값의 1의 자리가 되고, 4는 다음 단계로 넘겨 더해 준다.

③ 다음으로 두 수의 10의 자리와 1의 자리를 대각선으로 곱해서 더한다. $(1 \times 8)+(5 \times 0)=8$. 여기에 앞에서 올라온 4를 더해서 $8+4=12$. 또 두 자리 수이므로 2를 연산 값의 10의 자리로 남기고 1은 다음 자리로 넘긴다.

④ 이번엔 긴 대각선으로 곱한 값들과 수직으로 곱한 값을 더할 차례다. $(4 \times 8)+(6 \times 5)+(1 \times 0)=62$에, 앞에서 넘어온 1을 더해 63이 된다. 3은 연산 값의 100의 자리에 놓아 주고 6은 다음으로 넘긴다.

⑤ 그 다음 단계로 두 수의 100의 자리와 10의 자리를 셈하면 $(4 \times 0)+(6 \times 1)=6$이고, 앞에서 올라온 6을 더하면 $6+6=12$가 된다. 마찬가지로 2는 연산 값의 1000의 자리에 두고 1은 올려 준다.

⑥ 이제 마지막 단계만 남았다. 연산하려는 두 수의 100의 자리를 곱하고 앞에서 올라온 1을 더하면, $4 \times 6+1=25$가 된다. 역시 두 자리 수가 나왔지만 더 계산할 다음 자리가 없으므로 그대로 연산 값의 맨 앞에 놓으면 된다.

⑦ 이 결과들을 정리하면 최종 연산 값이 나온다.

  415×608=252320.

모든 과정을 압축해서 적으면 이렇게나 간단하다.

$$4\ 1\ 5$$
$$6\ 0\ 8$$
$$2\ 5\ 2\ 3\ 2\ 0$$

이로써 세 자리 수끼리의 곱셈을 무사히 마쳤다. 받아올릴 수가 생기는 경우까지 모두 파악했으니 이제 거칠 것이 없다. 이 요령만 잘 익혀 두면 어떤 세 자리 수를 가져와도 크게 힘들이지 않고 암산을 할 수 있다. 어떻게 이런 생각을 해냈을까?

이 기발하고도 영리한 암산 기법은 두 자리 수와 세 자리 수를 같이 곱할 때도 활용할 수 있다. 두 자리 수의 맨 앞에 0을 덧붙여서 세 자리 수와 자리를 맞춰 준 뒤에 계산하면 된다. 예를 들어 어떤 세 자리 수에 73을 곱해야 한다면 073으로 변형해서 위의 방법을 그대로 적용하면 된다. 요약하자면 곱하려는 두 수가 두 자리이든 세 자리이든 혹은 혼합되어 있든 상관없이, 이 방법으로 세 자리 수까지는 무난하게 연산할 수 있다는 것이다.

후유, 아무리 무난하다고 해도 다들 여기까지 오느라 꽤나 힘들었을 것이다. 두뇌가 열심히 회전을 하느라 어쩌면 약간 과열

되었을지도 모르겠다. 그러니 이쯤에서 잠시 머리를 식혀주자. 쉬어가는 의미에서 편안히 읽어 보기를 권한다.

너무나도 현대적인 11명의 전사들

어떤 세 자리 수에 11을 곱하면 어떤 일이 벌어질까. 729×11을 예로 들어 보자.

물론 위에서 배운 방법으로 손쉽게 끝낼 수도 있다. 하지만 뭔가 더 '섹시한' 방식으로 계산을 해 보려 한다. 말하자면 '암산계의 카마수트라'로 안내할 계산법이라고나 할까.

그러니 이제 729라는 수를 여러분과 함께하는 파트너라고 생각하자. 11은 잠시 잊어도 된다. 마음의 준비가 되었다면, 주위의 소음과 시선을 차단하기 위해 파트너의 앞뒤에 0을 붙여 주자. 07290처럼. 그런 다음 파트너의 맨 뒤에서부터 두 자리씩을 차례로 조심스럽게 더해 보자. 더한 값이 두 자리를 넘기면 늘 해왔던 것처럼 10의 자리를 다음 단계로 올려 준다. 너무 거칠어서는 안 되며 부드럽고 섬세하게 받아올림을 해 주자. 각각의 연산 과정을 쉽게 이해할 수 있도록 차근차근 정리해 보았다. 처음부터 시작해서 최종 결과를 눈앞에 둔 절정에 이르기까지, 모든 과정이 명료하게 파악될 것이다.

① 0+9=9가 연산 값의 맨 끝 자리가 된다.

② 9+2=11에서 1의 자리 1은 연산 값의 10의 자리에 남기고 1은 올려 준다.

③ 7+2=9에 앞에서 올라온 1을 더하면 10이 되는데, 0을 연산 값의 100의 자리에 두고 1은 올려 준다.

④ 7+0+1=8 마지막 두 자리의 덧셈에 이전 연산에서 올라온 1까지 더한 8이 연산 값의 맨 앞자리이다. 이게 끝이다. 729×11=8019라는 답이 나왔다.

수식으로 풀어놓으니 얼핏 꽤 복잡해 보이지만 실은 그저 찬찬히 들여다보기만 해도 한눈에 답이 뻔히 보인다.

파트너가 길어지더라도 같은 방식으로 진행하면 된다. 다만 절정에 이르기까지 시간이 조금 더 걸릴 뿐이다. 게다가 파트너의 앞에서부터 덧셈을 시작해도 결과는 같다. 그저 받아올림 때문에 조금 더 번거로울 뿐이다. 어느 쪽을 더 선호하든지 취향의 문제이니 끌리는 대로 하시길! 좀더 긴 수의 예를 통해 방금 익힌 연산을 확인해 보자.

$$53178 \times 11 \rightarrow 0531780 \rightarrow 584958$$

이제 우리는 수와 함께 살아가기에 최적의 상태가 되었다. 그러니 그 어떤 특이한 수가 등장해도 거뜬히 상대할 수 있을 것이다. 물론 지금까지 배운 곱셈 기법에 한해서이긴 하지만, 그만큼이 어딘가. 아래 예들을 보며, 여러분의 수에 대한 감수성을 점검해 보자.

$$6 \times 66 \times 666 = 263736$$

이게 끝이 아니다. 아직 진짜가 남아 있다. 위의 등식에 있는 숫자들을 각각 1씩 줄여서 만든 다음 등식도 성립한다.

$$5 \times 55 \times 555 = 152625$$

수가 만들어 내는 우연은 끝이 없다. 다음의 곱셈을 풀어서 확인해 보라.

$$39 \times 186 = ?$$

답을 구하고도 우연을 발견하지 못한 이들을 위해 힌트를 주자면, 이 등식에서 곱하려는 수의 각 자리에 있는 다섯 개의 숫자, 그리고 곱셈 값으로 나온 네 자리 수를 구성하는 네 개의 숫자에는 1부터 9까지의 숫자가 딱 한 번씩만 나온다. 다음의 연산들도 마찬가지다.

$$42 \times 138 = ?$$

$$48 \times 159 = ?$$

이 정도면 충분한 것 같다. 숨을 돌리며 잠시 쉬어야 할 때가 왔다. 천천히 쉬면서 수학적 즐거움이 가득한 핫스팟으로 떠나 보자.

123 끼워 넣기: 가장 재미있는 수

이 책은 무미건조하고 딱딱하기만 한 암산 요약집이 아니다. 그렇게 만들고 싶지도 않다. 대신 생기가 넘치고 흥미가 가득한 수학책이었으면 한다. 게다가 수학이라는 분야 자체가, 우리네 인생처럼 상상을 뛰어 넘는 기발하고 독특한 상황들로 채워져 있기 때문에 잘만 들여다보면 지루할 틈이 없다. 수학자도 사람이니까. 하지만 여기까지 오는 동안 한 번도 제대로 웃지 못한 것 같다. 지금껏 이 책을 읽으면서 재미나고 기발한 수를 마주친 적이 있었던가? 만약 없다면, 바로 지금이 그 수를 만날 시간이다. 수많은 수 가운데 가장 재미난 친구들을 만나게 될 것이다. 그 이름은 '위대한 123'이다. 잘못 들은 게 아니다. 제일 재미있는 수가 있다면 그건 바로 123이다.

아무 숫자나 무작위로 골라내서 종이에 줄줄이 적어 보자. 예를 들어 다음과 같이 숫자들을 적었다고 해 보자.

3896745197458036823275

이제 위의 숫자들을 짝수와 홀수로 구분한 다음, 짝수와 홀수의 개수를 각각 헤아려 더하자. 그러면 짝수의 개수, 홀수의 개수, 그리고 그 합, 이렇게 세 개의 수가 새롭게 나온다. 이렇게 나온 세 수를 그저 순서대로 나열하면 또 하나의 새로운 수가 만들어진다. 이 수를 가지고 똑같은 과정을 되풀이한다. 이 과정을 반복하다 보면, 언젠가는 분명 123이라는 수가 나온다. 정말이다. 의심은 거두어도 좋다. 한여름에 던지는 썰렁한 농담이 아니라, 지극히 수학적인 사실이다. 그래서 내가 123을 재미있는 수로 꼽은 것이다. 농담이 아니라 진지한 사실이기는 해도 가볍고 유쾌하게 '재미있는 수'를 다룰 것이니 무거운 마음은 내려놓고 위에 임의로 적은 기나긴 수로 직접 확인해 보자.

① 짝수의 개수: 10

② 홀수의 개수: 12

③ ①과 ②의 합, 즉 전체 숫자의 개수: 22

④ 위의 세 수를 순서대로 나열해 만든 새로운 수: 101222

이렇게 새로 만들어진 수를 똑같은 방식으로 정리하면,

① 짝수의 개수: 4

② 홀수의 개수: 2

③ 전체 숫자의 개수: 6

④ 다시 만들어진 새로운 수: 426

이 수로 한 번 더 되풀이하면,

① 짝수의 개수: 3

② 홀수의 개수: 0

③ 전체 숫자의 개수: 3

④ 세번째로 생겨난 새로운 수: 303

마지막으로 한 번만 더 해 보자.

① 짝수의 개수: 1

② 홀수의 개수: 2

③ 전체 숫자의 개수: 3

드디어 다 왔다. 이제 이들을 나열하면 123이 나오는데, 여기에서부터는 이 과정을 아무리 반복해도 계속 123이 나온다.

어떤 수로 시작하든 상관없이 언젠가는 결국 123에 도달하게 된다. 123의 위력은 엄청나서 꼭 나타나고야 말겠다는 의지를 꺾을 수가 없다. 123은 모든 것들을 예외 없이 빨아들이는 블랙홀 같다. 123에 가까이 다가갈수록, '수의 우주'에서 가장 검디검은 구멍이 드러나게 되는 것이다. 위의 과정에 발을 들이게 되면 그 어떤 수도 결코 벗어날 수가 없으니, '수의 우주'에 있는 중력을 여실히 보여주는 증거가 아닐까.

가장 재미있는 수, 또는 '수의 우주'에서 제일 강력한 중력장을 가진 수에 대한 이야기는 여기까지다. 좀 쉬었으니 이제 다시 연산을 해 보자! 어쩌면 난이도가 점점 더 떨어지는 기분이 들지도 모르겠지만, 그러면 또 어떤가, 상관없다!

다음의 등식은 세 자리로 된 두 수의 곱셈으로, 지금껏 배운 암산 기술들을 머릿속으로 점검해 보기에 좋은 문제들이다. 역시나 특별한 수식으로 구성된 곱셈 연산이다. 회문이 두 번이나 등장하는, '이중의 회문'이라 할 수 있다.

$$861 \times 168 = 492 \times 294$$
$$672 \times 276 = 384 \times 483$$

세 자리 수 제곱법

앞서 두 자리 수의 제곱과 세 자리 수들의 곱셈을 다루었으니, 이쯤에서 다시금 거듭제곱이 등장하더라도 그렇게 어색하지는 않을 것이다. 물론 이번에는 수를 조금 키워 세 자리 수의 제곱을 살펴볼 참이다. 가벼운 문제부터 시작해 보자.

$$121^2 = ?$$

시작하기 전에 좋은 소식이 하나 있다. 다행스럽게도, 이번 연산은 앞에서 해봤던 두 자리 수의 제곱 방식에서 크게 벗어나지 않을 것이다. 두 자리 수를 제곱할 때 각 자리의 수를 구분했던 것처럼, 세 자리 수도 숫자들 사이에 선을 그어 계산한다. 세 자리 수를 분리할 때는 앞부분에 두 자리 수를 두고 뒷부분에 한 자리 수를 놓는다. 앞에서와 마찬가지로 숫자 사이에 선 하나를 긋고 각각 따로 연산을 하면 된다. 이런 모양으로 시작한다.

$$12 \mid 1$$

이미 익숙한 방식이니, 좀 빠르게 달려 보자. 왼쪽 부분을 제곱하고 오른쪽 부분을 제곱한 다음, 가운데에는 왼쪽과 오른쪽을 곱해서 두 배를 한 수를 놓아 준다. 맨 오른쪽부터 왼쪽 방향으로 진행하고 결과의 1의 자리는 남기되, 두 자리 수로 넘어가면 왼쪽으로 올려 준다.

$$12 \mid 1 \rightarrow 12^2 \mid 2\times12\times1 \mid 1^2 \rightarrow 144 \mid 24 \mid 1 \rightarrow 14641$$

이렇게 121^2=14641이라는 답을 구했다.

두 자리 수의 제곱과 비교하면 딱 한 가지만 다르다. 세 자리 수의 제곱은 우리에게 더 넓은 기회를 제공해 준다. 두 자리 수의 제곱에서처럼 세 자리 수도 제곱을 하려면 우선 두 부분으로 나누어야 하는데, 방금 우리는 두 자리 수와 한 자리 수로 분리해서 연산을 진행했다. 하지만 이와 달리 한 자리 수와 두 자리 수로 분리해서 계산해도 결과는 같다. 다만 이렇게 연산을 할 때는 받아올림에 좀더 신경을 써야 한다. 이때는 각 영역에서 나온 값에서 끝 두 자리까지 남겨두고 100의 자리를 다음 단계로 올려 줘야 하기 때문이다. 연산 과정에서 헷갈리기 쉬우니 반드시 명심해야 한다. 같은 수로 영역을 다르게 나눠서 연산해 보자.

$$ 1 \mid 21 \rightarrow 1^2 \mid 2 \times 1 \times 21 \mid 21^2 \rightarrow 1 \mid 42 \mid 441 \rightarrow 14641 $$

여러분의 연습을 위해, 마치 간단한 암호처럼 디자인된 수열을 준비했다. 위아래에 있는 다른 곱셈들을 비교하면서 답을 추리하려 들지 말고, 우선은 새로 배운 연산 방법을 활용해서 셋째 줄의 세 자리 수 곱셈 문제를 풀어 보길 바란다. 그렇게 직접 답을 구해 놓고, 위아래와 비교해서 답을 확인하면 좋겠다는 것이다.

$$ 1 \times 1 = 1 $$
$$ 11 \times 11 = 121 $$
$$ 111 \times 111 = ????? $$
$$ 1111 \times 1111 = 1234321 $$
$$ 11111 \times 11111 = 123454321 $$
$$ 111111 \times 111111 = 12345654321 $$
$$ 1111111 \times 1111111 = 1234567654321 $$
$$ 11111111 \times 11111111 = 123456787654321 $$
$$ 111111111 \times 111111111 = 12345678987654321 $$

숫자들로 이루어진 피라미드라니, 정말 아름답지 않은가? 이집트 기자에 있는 피라미드의 숨결이 숫자 왕국으로 고스란히 흘러들어온 듯하다.

다음에 풀어 볼 문제에는 거대하면서 보기에도 아름다운 장식품이 하나 등장한다. 이 문제도 위의 피라미드에서처럼 직관적으로 답이 나올 수 있다. 머리를 덜 굴리고도, 코르크 마개 따듯이 답이 톡 하고 떠오를 것이다. 다시 한 번 말하지만, 그저 대충 훑어보고 숫자를 조합해서 답을 내놓지 말고 반드시 연산을 활용하자. 우리는 연습이 필요하다. 우선 지금까지 배운 연산 기법을 사용해서 셋째 줄에 있는 문제를 풀어 보자. 먼저 계산을 해 놓고 답이 맞는지 확인하면 된다. 물론 벌써부터 답이 보이기는 한다.

$$9 \times 9 = 81$$
$$99 \times 99 = 9801$$
$$999 \times 999 = ??????$$
$$9999 \times 9999 = 99980001$$
$$99999 \times 99999 = 9999800001$$

여기까지 잘 따라 왔다면 이쯤에서 질문이 하나 떠오를 것이다. 그렇다면 1000에 가까운 수들도 빠르고 간단하게 곱할 지름길이 있는 걸까? 이 질문에 대한 대답은 "그렇다!"이다. 심지어 흥미진진하고 재미나면서도 마음이 편안해지는 길이 있다고 장담할 수 있다. "도대체 어떻게?"라고 재차 묻는다면, 조금만 더 기다리시라. 잠시 뒤에 그 답을 알려 주겠지만, 지금은 아니다. 수학에서도 약간의 긴장감이 필요하다. 기대와 설렘이 있어야 즐거움이 배가되게 마련이다. 일종의 밀고 당기기라고 할까. 사람마다 정도는 다르겠지만, 얼마간의 긴장감은 여러 모로 유용하다.

1000에 가까운 수들의 연산을 다루기 전에, 절묘하고도 비범한 수 몇 개를 소개할까 한다. 어쩌면 수가 만들어 내는 놀라움의 절정이라 할 수 있다. 그 중 하나는 리처드 홈스Richard Holmes가 발견한 것으로, 아래의 표를 바탕으로 한다.

6	1	8
7	5	3
2	9	4

언뜻 보기에는 그다지 대단하거나 놀라울 게 없다. 그저 1부터 9까지의 수들을 3×3 사각형에 배열한 것뿐이니까. 하지만 여기에는 뭔가가 더 있다. 단순히 사각형의 표에 숫자를 채워 넣은 것이 아니라, 특별한 비밀이 담겨 있다. 먼저 가로로든 세로로든 대각선으로든 한 줄로 늘어선 수들을 더하면 그 값은 15로

모두 같다. 이건 시작에 불과하다. 위에서 합을 구했던 세 수의 조합들은 앞으로 우리가 풀게 될 연습 문제의 토대가 될 것이다.

각 줄에 놓인 숫자들을 하나의 수라고 생각해 보자. 맨 윗줄은 618이고, 맨 왼쪽 줄은 672이다. 가로줄에 있는 세 수에서는 이런 등식이 성립한다.

$$618^2+753^2+294^2=816^2+357^2+492^2$$

세로줄에 있는 수들도 마찬가지다.

$$672^2+159^2+834^2=276^2+951^2+438^2$$

약간 머리를 써서 대각선에 놓인 수를 조합하면 역시 이런 등식을 얻을 수 있다.

$$654^2+132^2+879^2=456^2+231^2+978^2$$

희열의 절정을 누리기에는 아직 이르다. 한 단계가 더 남아 있다. 점점 더 절정의 끝을 향해 가고 있으니 기대해도 좋다. 이제 위의 세 등식에서 거듭제곱을 붙이고 있는 모든 세 자리 수들의 가운데 자리를 과감하게 지워 보자. 그래도 등식은 그대로 성립한다. 믿을 수 없겠지만 등식은 진실만을 말한다.

$$68^2+73^2+24^2=86^2+37^2+42^2$$
$$62^2+19^2+84^2=26^2+91^2+48^2$$
$$64^2+12^2+89^2=46^2+21^2+98^2$$

'숫자 유네스코'의 세계문화유산 목록에 등록해도 좋을 만큼 독특한 등식들이다. 이쯤 되면 수학적인 기쁨이 넘쳐나지 않는가? 하지만 아직도 갈 길이 더 남아 있다. 가다 보면 더 즐겁고 재미있는 수학들이 곳곳에서 나타날 테니, 목적지에 다다를 때까지 이 길을 따라 걸어가 보자. 혹시 더 깊이 파내려가고 싶다면, 이 제곱수들을 가지고 이리저리 연산을 더 해 볼 것을 권한다. 이 수들을 깊이 있게 연구하다 보면 다채로운 수의 세계를 발견하게 될 테고, 뭔가를 새롭게 발견할 때마다 여러분의 인생에 덕이 쌓일 것이다.

마법의 직사각형

이번에 다룰 수들은 말 그대로 '마술 상자'에 담겨 있다. 이를 '마법의 직사각형'이라고 불러도 좋을 것이다. 세상엔 그런 직사각형도 있다. 이제 복잡 미묘하게 짜인 직사각형을 한번 만나 보자.

69	345	186	872	756
366	642	582	278	558
168	246	87	575	657
762	147	285	377	954
663	543	483	179	855
564	48	384	674	459

이 표를 이용해서 덧셈을 전광석화처럼 해내는 마술을 부릴 것이다.

여러분도 마술사가 되어 관객을 놀라게 해 보자. 우선 관객에게, 다섯 개의 세로줄에서 각각 수 하나씩을 고르라고 하자. 서로 겹치지 않게 서로 다른 줄에서 뽑아야 한다. 이렇게 고른 다섯 개의 수를 종이에 적고 이들을 더하라고 해 보자. 관객이 덧셈을 시작하기 전에 마술사는 다섯 개의 수를 하나씩 차례로 읽으며 주문을 외우면 된다. 마술사는 1초도 안 돼서 이 수들의 합을 알아낼 수 있다.

이 마술 기법은 관객이 어떤 수를 골라도 상관이 없으며, 매번 다른 수를 골라 몇 번이고 반복해도 통한다. 이 표에서 각 세로줄의 수를 하나씩 뽑아 다섯 개의 수를 고를 때 나올 수 있는 모든 경우의 수는 6^5=7776가지나 되기 때문에 여러 번 되풀이해도 매번 새로울 것이다.

대체 어떤 비법이기에 이런 마술이 가능한 걸까? 그 본격적인 기술을 이제 여러분들에게 전수할까 한다. 예를 들어 설명하면 금방 이해할 것이고 곧 직접 마술을 부리게 될 것이다. 관객이 무작위로 골라낸 다섯 개의 수를 762, 345, 87, 179, 558이라고 해 보자. 이들을 큰 소리로 읽으며 마술을 시작한다. 그리고 마술사는 단번에 이 수들의 합을 외친다. "1931!"

관객이 고른 수를 읽으면서 마술사가 할 일이 하나 있긴 하다. 각 수들의 1의 자리를 얼른 더하는 것이다. 그러면 2+5+7+9+8=31이 나온다. 이 수는 다섯 수를 합한 값의 끝 두 자리에 해당한다. 그리고 50에서 이 값을 뺀 결과를 그 앞에 붙이면 된다. 50-31=19이므로, 정리하면 1931이 된다.

관객들이 다섯 개의 수를 일일이 더하는 것을 기다릴 필요도 없이 눈 깜짝할 사이에 답을 낼 수 있다. 너무 빨라서, 관객이 덧셈은커녕 골라낸 수들을 다 읽기도 전에 답이 나올 수도 있다. 이처럼 수학은 사람을 기민하게 만든다.

여기까지가 이 마술 기법의 전부다. 끝자리를 더한 값을 놓고 그 값을 50에서 뺀 다음, 두 수를 나란히 붙여 주기만 하면 끝이다! 참으로 간단하지 않은가. 수면 부족에 시달리는 수학 초보자들에게도 좋고, 정신이 바짝 깨어있는 손님들에게 선보이기에도 괜찮은 마술이다.

누군가는 이 비법에 숨겨진 원리를 물을지도 모르겠다. 이 수준 높은 질문에 내가 할 수 있는 답은 단 하나다. 그냥 그러려니 하자! 굳이 설명을 보태자면, 각 세로줄에 놓인 여섯 개의 수는 모두 가운뎃자리의 수가 같다. 또 이들의 앞자리 수(두 자리 수의 경우엔 0)와 끝자리 수를 합한 값 또한 모두 같다. 이 정도면 만족스러운 힌트가 되었으리라 기대한다.

1000에 가까운 수들의 제곱법

잠깐 숨을 돌렸다면 이제 다음의 연산에 답을 할 시간이다.

$$996 \times 985 = ?$$

앞에서 익힌 방법들 속에 문제 해결의 실마리가 있다. 그동안 수많은 연산을 다룬 덕분에 우리도 수에 꽤나 영리해졌다. 아마도 대부분의 독자는 전에 했던 '100에 가까운 수의 곱셈'이 떠올랐을 것이다. 이 연산도 그때와 크게 다르지 않다. 즉 전혀 새롭거나 낯선 방식이 아니다. 앞에서 익힌 방법을 잘 응용해 보자.

　① 우선 곱하려는 두 수에서 각각 1000을 빼서, 그 값을 두 수
　　의 오른쪽에 적어 준다.

$$996 \quad -4$$
$$985 \quad -15$$

② 왼쪽 수와 오른쪽 수를 대각선으로 더한 뒤에, 0을 세 개 붙인다(대각선 덧셈은 어느 방향으로 해도 같은 값이므로 아무 쪽이든 상관없다). 996-15=985-4=981 → 981000

③ 오른쪽의 두 수를 곱한 값 (-4)×(-15)=60을 ②에서 나온 값에 더해 준다.

이 과정을 다시 정리하면

$$985-4=981 \longrightarrow 981000 \longrightarrow$$
$$981000+(-4)\times(-15)=981060$$

즉 996×985=981060이다.

가볍고 빠르게 첫 문제를 풀었으니, 한 번 더 그 속도를 느껴 보자.

$$993\times1014=?$$

잠깐! 이들은 1000에 가까운 수이긴 하지만, 네 자리 수를 곱해야 하기 때문에 앞서 풀어 본 연산과 완전히 똑같지는 않다.

하지만 그렇다고 전혀 다른 것도 아니다. 위에서 활용했던 틀에서 크게 벗어나지 않으니 걱정할 건 없다. 그저 부호가 다를 뿐, 계산 과정은 똑같은 방식으로 진행된다. 1000을 뺀 수를 오른쪽에 적는 데서부터 시작한다.

$$993 \quad -7$$
$$1014 \quad 14$$

답을 구하는 과정은 이렇게 이어진다.

$$1014-7=1007 \longrightarrow 1007000 \longrightarrow$$
$$1007000+(-7)\times14=1006902$$

즉 993×1014=1006902이다.

두 수가 모두 1000을 넘는 문제를 하나 더 풀어 보자.

$$1007\times1111=?$$

이쯤 되면 연산이 어떻게 풀릴지 감이 잡힐 것이다. 우선 "자세를 잡고!"

$$1007 \quad\quad 7$$
$$||||\quad\quad |||$$

"출발!" 답으로 가는 길은 다음과 같다.

$$||||+7=|||8 \longrightarrow |||8000 \longrightarrow |||8000+7\times||| = |||8777$$

"끝!" 결과를 정리하면 $1007 \times 1111 = 1118777$.

이와는 조금 다르게, 이항 방정식을 응용해서 1000에 가까운 수를 연산하는 방법도 있다.

$$a^2 - b^2 = (a+b)(a-b)$$

이 식에 곧바로 적용하는 게 아니라, 식을 살짝 변형한다.

$$a^2 = (a+b)(a-b)+b^2$$

이제 이 식을 가지고 다음의 계산을 해 보자.

$$996^2 = ?$$

b로 올 수 있는 수는 아무 수나 마음대로 선택할 수가 있다. 하지만 눈치가 빠른 사람이라면, a=996일 때 b로 가장 적절한 수를 이미 알아챘을 것이다. b=4라고 놓아야 우리가 원하는 답을 가장 빠르게 구할 수 있다. a와 b에 대입할 수를 정했다면 그다음은 계산할 것도 없다. 그저 위의 식에 그대로 집어넣기만 하면 된다.

$$996^2=(996+4)\times(996-4)+4^2=1000\times992+4^2$$
$$=992000+16=992016$$

연습 문제의 시간이 다시 돌아왔다. 지금까지 배운 기술을 활용하여 아래의 연산을 해 보자.

$$990^2+100^2=???100$$

물음표 안에 들어갈 수를 제대로 구했다면, 여러분은 분명 신기해할 것이다.

1089에게 경의를 표하며

끝으로 위대하고 놀라운 수 1089를 소개하며, 곱셈이라는 큰 주제의 막을 내리고자 한다. 1089라는 수가 여러분을 한 번 더 마술사로 만들어 줄 것이다. 딱 다섯 단계만 거치면 눈앞에 신기한 마술이 펼쳐질 테니, 이번 기술도 놓치지 말기를 바란다.

마술사로 변신했다면

① 먼저 관객에게, '뒤로 갈수록 수가 작아지는 세 자리 수' 하나를 적어 보라고 한다.

② 그런 다음 그 수를 거꾸로 뒤집어서 새로운 수를 만들라고 하자.

③ 그리고 처음 적은 수에서 뒤집어서 만든 수를 빼게 하자.

④ 이 뺄셈에서 나온 수를 거꾸로 뒤집은 다음,

⑤ 이 둘을 더하라고 하자.

⑥ 여기까지 왔다면 이제 마술사는 마지막 연산의 답을 말하면 된다. 답은 1089!

이 마술의 요령은 아주 간단해서 마술사가 별도로 계산을 할 필요도 없다. 관객이 처음에 어떤 수를 골랐든 상관없이 연산의 결과는 언제나 1089이다. 구체적인 예를 가지고 연습을 해 보자.

① 임의의 세 자리 수: 854

② 뒤집기: 458

③ 빼기: 854-458=396

④ 뒤집기: 693

⑤ 더하기: 693+396=

⑥ 답: 1089

재미있으니까, 한 번만 더 해 보자.

① 세 자리 수: 520

② 뒤집기: 025

③ 빼기: 520-25=495

④ 뒤집기: 594

⑤ 더하기: 495+594=

⑥ 답: 1089

자, 내 말이 틀림없지 않은가? 서로 다른 두 개의 수로 계산도 두 번 했지만, 결과는 하나다. 놀라운 마법이자 황홀함의 결정체다! 벌써 비밀을 간파했는지도 모르겠다. 아직도 잘 모르겠다면 이해를 돕기 위해 간략히 설명해 보겠다.

관객이 고른 세 자리 수의 각 자리를 앞에서부터 x, y, z라고 할 때, 이를 수학적으로 제대로 정리하면 $100x+10y+z$라고 할 수 있고, 이를 거꾸로 뒤집은 수는 $100z+10y+x$일 것이다. 애초의 수에서 뒤집어서 만든 수를 빼면, $99\times(x-z)$이며 이 값은 언제나 양수이다. 애초에 세 자리 수를 '뒤로 갈수록 작은 수가 되도록' 내림차순으로 만들었기 때문에, $(x-z)$로 나올 수 있는 수의 최댓값은 9이고 최솟값은 2이다. 달리 말하면 어떤 세 자리 수를 고르든 2~9 사이의 여덟 개 수 가운데 하나가 나온다. 99 ×$(x-z)$의 값도 마찬가지여서, 여기서 나올 수 있는 여덟 개의 값은 198, 297, 396, 495, 594, 693, 792, 891이다.

이 수들은 모두 무척이나 흥미롭고 조화롭다. 이 여덟 개의 수 가운데 어떤 수를 골라도, 자신을 거꾸로 뒤집은 수와 더하면 늘 같은 값이 나온다. 다들 예상하는 그 수가 맞다. 바로 1089이다.

정말 신기하지 않은가. 겉보기에만 신기한 게 아니라 수학적으로도 내실이 탄탄해서, 말 그대로 수가 만들어 내는 웅장한 교향곡 같다. 우리 함께 이 교향곡을 즐겨 보자! 수학은 즐기는 것이다. 닥스훈트에게 까칠한 털이 어울리듯이, 수학 역시 즐긴다는 말이 가장 잘 어울린다.

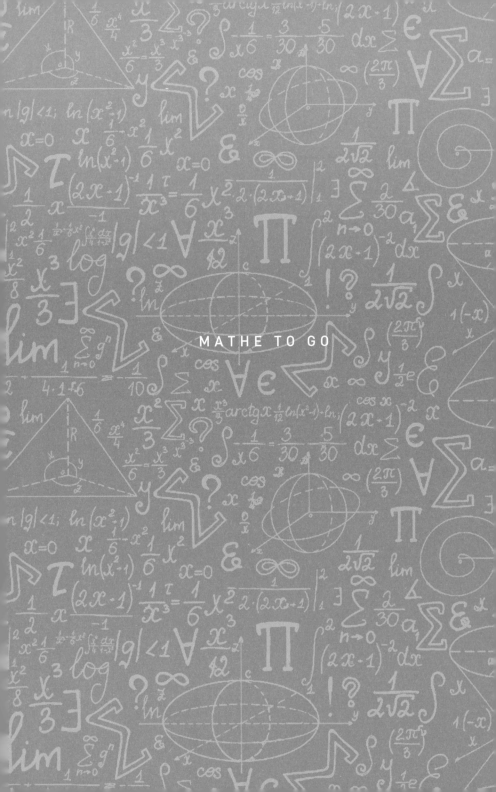

MATHE TO GO

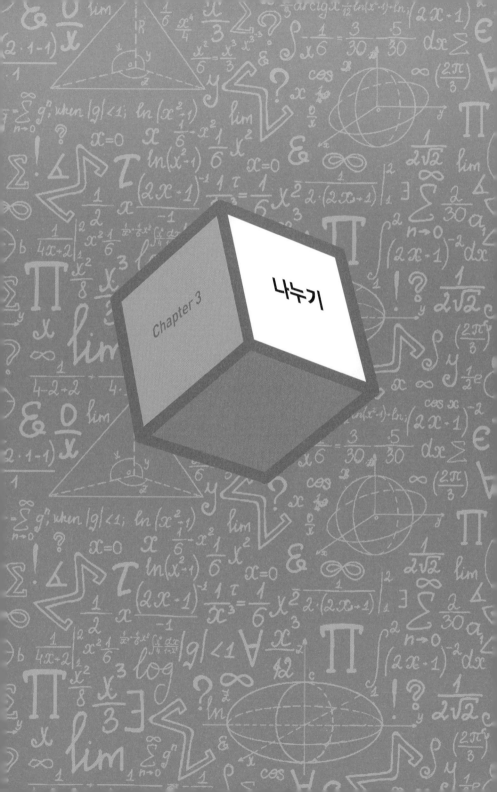

Chapter 3

나누기

곱셈을 했으니 이제는 나눗셈 차례다. 나눗셈은 어렵다. 대부분의 경우 다른 연산들보다 확실히 어려운 편이다. 기본 사칙 연산들 가운데 가장 어렵다고 해도 과언은 아니다. 암산에서도 마찬가지다. 예를 들어 두 자리 수의 곱셈은 쉽고 빠르게 암산을 할 수 있는 반면, 두 자리 수의 나눗셈은 암산으로 다루기가 무척 까다롭다. 나눗셈이 까다로운 이유 중 하나는 나누어떨어지지 않는 경우가 많기 때문이기도 하지만, 기본적으로 나눗셈의 과정 자체가 복잡해서 연산이 유독 어렵게 느껴지기도 한다. 그렇다고 그냥 도망칠 수는 없다. 우리 앞에 놓인 도전에 당당하게 맞서며 하나씩 천천히 넘어가 보자. 나눗셈을 본격적인 주제로 다루려는 이유는 바로 여기에 있다. 빠른 암산도 중요하지만 도전과 난관을 넘어서는 것 또한 우리 삶에 큰 유익이 될 것이다. 훌륭한 암산책이라면 독자들을 좀더 전문적인 나눗셈의 세계로 안내할 의무가 있다. 이제 나눗셈이라는 평행 우주 속으로 함께 들어가 보자.

한 자리 수로 나누기

—— Section 1 ——

먼저 제수가 한 자리 수이거나 두 자리 수인 나눗셈부터 시작해 보자. 나눗셈은 제수(나누는 수)로 피제수(나뉘는 수)를 나누는 계산으로, 나눗셈을 분수로 표현할 때 가로줄의 아래쪽에 놓인 분모가 제수이고 위쪽의 분자가 피제수이다. 또 비례식으로 표현한다면, 비율을 나타내는 쌍점(:)의 오른쪽에 놓인 수가 제수이고 왼쪽 수가 피제수이다.

우선 한 자리 수로 나누는 방법을 알아보자. 예를 들어 다음 나눗셈을 연산하려면 어떻게 해야 할까?

$$547 \div 7 = ?$$

혹시 힌트가 필요한가? 나만의 방식이 있다.

① 먼저 연산의 최종 값(몫)이 몇 자리 수가 될지를 생각해 본다. 나뉘는 수가 10×7=70과 100×7=700의 사이에 있으므로 이 연산의 몫은 10과 100 사이에 있는 두 자리 수이다. 한 자리 수나 세 자리 수가 나오는 건 불가능하다.

② 이렇게 몫의 자릿수를 정했다면, 이번에는 제수 7에 10을 얼마나 곱해야 피제수 547에 가장 가까워지는지 생각해 보자. 이때 곱한 수가 피제수를 넘어서면 안 된다. 이 조건에 들어맞는 수는 7이다. 7×70=490이기 때문이다. 7×80=560은 547을 넘어가므로 8은 안 된다. 여기서 구한 7은 연산 값의 10의 자리에 해당된다. 머릿속에 7을 적어 두고 다음 계산을 이어가자.

③ 7×70=490을 피제수 547에서 빼 주자. 547-490=57.

④ 이제 한층 간단해진 나눗셈이 남았다. 마지막으로 위의 뺄셈에서 나온 57을 7로 나누면 된다. 57÷7=?

⑤ 기본적으로 몫의 자릿수만큼 이 과정을 되풀이해 나가면 된다. 따라서 이 문제에서는 한 번만 더 하면 된다. 7을 얼마나 곱해야 57에 가까워지는지 생각해 보면, 7×8=56이므로 여기에서 나온 8이 몫의 1의 자리가 되고 나머지로 1이 남는다. 이렇게 정리할 수 있다.

$$547 \div 7 = 78 \text{ 나머지 } 1$$

이 값은 분수로 표현할 수도 있다.

$$547 \div 7 = 78\frac{1}{7}$$

모든 분수를 쉽고 가볍게 만들어 주는 수, 9

정말 9라는 수는 분수를 모두 쉽게 만들어 줄까. 일단 해 보자.

$$\frac{23}{9} = 2 \text{ 나머지 } 5$$

23의 앞자리 수가 2인데, 나눗셈의 몫도 2이다. 나누고 난 나머지는 피제수의 각 자리에 있는 2와 3을 더한 값이다. 한 번 더 해 볼까?

$$\frac{43}{9} = 4 \text{ 나머지 } 7$$

여기에서도 피제수의 앞자리 수와 나눗셈의 몫이 4로 같다. 그리고 피제수의 각 자리를 더한 값, 4+3=7은 나머지와 같다. 이보다 더 쉬울 수는 없다!

피제수의 자리가 더 늘어나도 상관없다.

$$\frac{134}{9} = 14 \text{ 나머지 } 8$$

이 연산의 답은 피제수에 다 들어 있다. 1, 1+3=4, 그리고 1+3+4=8. 어떻게 이런 값이 나왔을까? 이번에도 식은 죽 먹기다. 1은 피제수 134의 맨 앞자리 수이고, 4는 앞의 두 자리를 더한 값이며, 8은 모든 자리를 더한 값이다.

피제수의 각 자리를 더한 값이 두 자리를 넘어가면 어떻게 해야 할까? 그것도 문제없다. 앞에서 해왔던 방식을 따르면 된다.

$$\frac{842}{9} = (8)(12) \text{ 나머지 } 14?$$

이렇게 앞의 두 자리를 더한 수(8+4=12)가 두 자리 수일 때는 10의 자리 1을 앞으로 올리면, 92가 된다. 즉 몫이 92이고 나머지는 14가 된다. 그런데 14도 두 자리 수여서 아직 온전한 나머지가 아니다. 14는 더 나눌 수 있기 때문에 과정이 하나 더 남은 것이다. 14÷9=1 나머지 5이므로 여기에서 나온 몫 1을 92에 더해서 마저 정리하면, 이 나눗셈의 최종 값은 93 나머지 5이다.

나눌 수 있는 수인지, 나에게 말 좀 해 줘

나눗셈의 결과는 이렇게 딱 떨어지지 않는 경우가 많다. 그래서 나누어떨어지는 수를 알아채는 규칙이 없을까에 많은 사람들이 관심을 기울여 왔다. 어떤 수 a가 다른 수 b로 나누어떨어진다면 a는 b의 배수가 된다. 다행히도 조금만 연습하면 일정한 수로 나누어떨어지는 수, 즉 배수를 쉽게 알아볼 수 있다. 매우 유용하면서도 재미까지 있지만, 원리를 터득하려면 짧은 강의가 필요하다. 중요한 비밀이니 조금만 집중해 보자.

나눗셈에서 나누는 수(제수)가 2~10일 때, 나머지 없이 떨어지려면 나뉘는 수(피제수)가 아래의 조건을 만족해야 한다.

• 2로 나누어떨어지려면, 피제수는 짝수여야 한다. 즉 끝자리가 0, 2, 4, 6, 8 가운데 하나여야 한다.

• 3으로 나누어떨어지려면, 피제수의 각 자리를 합한 수가 3으로 나누어떨어져야 한다. 이렇게 나온 값도 3으로 나누어떨어지는지 잘 모르겠다면 다시 그 값의 각 자리를 모두 더해서 확

인해 보면 된다. 이 과정을 필요한 만큼 되풀이할 수 있다.

- 4로 나누어떨어지려면, 피제수의 마지막 두 자리가 4로 나누어떨어져야 한다.

- 5로 나누어떨어지려면, 피제수의 마지막 자리가 0이나 5여야 한다.

- 6으로 나누어떨어지려면, 피제수가 2로도 나누어떨어지고 3으로도 나누어떨어져야 한다. 풀어 말하면, 끝자리가 짝수이면서 각 자리를 더한 값이 3의 배수이면, 6의 배수이기도 하다.

- 7로 나누어떨어지는 조건은 좀 복잡하다. 피제수의 1의 자리를 두 배 한 뒤에, 이 값을 이 수에서 1의 자리를 지우고 남은 수에서 빼준다. 쉽게 말해 피제수를 $abcde$라고 적는다면, $abcd-(2 \times e)$를 계산하는 것이다. 이 값이 7로 나누어떨어지면 피제수는 7의 배수이다. 큰 수의 경우엔 이 과정을 필요한 만큼 되풀이할 수 있다.

- 8로 나누어떨어지려면, 피제수의 마지막 세 자리가 8로 나누어떨어져야 한다.

- 9로 나누어떨어지려면, 피제수의 각 자리를 합한 값이 9로 나누어떨어져야 한다. 큰 수의 경우엔 필요한 만큼 되풀이할 수 있다.

- 10으로 나누어떨어지려면, 피제수의 마지막 자리가 0이면 된다. 여기까지가 첫 단추다. 고급 단계까지 가려면 아직 멀었지만

그래도 이 정도면 일단 기초는 갖춘 셈이다. 뒤에서 나누어떨어지는 수에 관해 더 놀라운 내용들을 다시 다루기는 하겠지만, 우선은 이쯤에서 잠시 한 숨 돌려도 된다. 그런 의미에서 재미있는 수 하나를 소개하겠다.

$$3608528850368400786036725$$

모두 스물다섯 자리인 이 수는 25로 나누어떨어진다. 끝 두 자리가 25이므로 그리 대수로운 건 아니다. 정작 놀라운 건, 이 수를 앞에서부터 N째 자리까지 떼어내서 N으로 나누면, 모두 나머지 없이 깔끔하게 나누어떨어진다는 것이다. 예를 들어 앞에서 일곱째 자리까지 떼어내면 3608528이 되는데, 이 수는 7의 배수이다. 믿어지지 않는다면, 한 자리 한 자리 떼내가면서 줄줄이 확인해 보자. 실로 '나누어떨어지게 해 주는 부적'이라 할 만하다.

위대한 약분 기술

나눗셈을 간단하게 처리할 수 있는 최상의 방법은 분모와 분자에서 같은 수를 지워서 약분해 버리는 것이다. 수학의 세계에서 이런 방법을 허락해 준다면 얼마나 좋을까. 만일 그게 가능하다면 시원시원하게 약분을 하면서 순식간에 나눗셈을 끝낼 수 있겠지만, 원칙적으로 이런 식의 약분은 허용되지 않는다. 안타깝게도 무작정 같은 수를 지우는 약분은 '불법'이다. 대부분의 경우에 그렇다. 그러나 언제나 '불법'이 되는 건 아니다. 어떤 분수들은 이따금 우리에게 관대함을 베풀기도 한다.

$$\frac{532}{931} = \frac{5\cancel{3}2}{9\cancel{3}1} = \frac{52}{91}$$

$$\frac{4999}{9998} = \frac{4\cancel{999}}{\cancel{999}8} = \frac{4}{8} = \frac{1}{2}$$

와, 9 여섯 개를 단번에 모두 지워 약분해 버렸다. 다음의 분수식에서는 서로 다른 숫자 세 개를 한꺼번에 지울 수 있다.

$$\frac{3243}{4324} = \frac{3\cancel{2}4\cancel{3}}{4\cancel{3}2\cancel{4}} = \frac{3}{4}$$

이중 삼중으로 함성이 터져 나오지만, 절정은 이것이다.

$$\frac{1428571}{4285713} = \frac{14\cancel{28571}}{4\cancel{285713}} = \frac{1}{3}$$

물론 이런 약분을 혼자 몰래 해서는 안 된다. 이렇게 과감하게 숫자를 지우는 건 수학 안에서 금지된 행위다. 함부로 시도하면 대부분 틀린 답이 나온다. 특히나 분수에서 0을 함부로 약분하는 건 금기 사항이다. 하지만 이런 경우라면?

$$\frac{201}{603} = \frac{2\cancel{0}1}{6\cancel{0}3} = \frac{21}{63} = \frac{1}{3}$$

$$\frac{403}{806} = \frac{4\cancel{0}3}{8\cancel{0}6} = \frac{43}{86} = \frac{1}{2}$$

우연히 이런 분수를 만나는 건 그야말로 행운인데, 가끔 행운이 우리를 찾아올 때도 있는 것뿐이다. 우리가 사는 이 세상에는 행운과 같은 우연들이 가끔 일어난다. 수의 세계도 예외는 아니다. 간식용 과자처럼 생긴 아래 식에는 수학에서 극히 드물게 벌어지는 우연이 깃들어 있다.

$$8101265822784 \div 8 = ?$$

언뜻 보면 그저 기나긴 나눗셈으로만 여겨지는 이 식에는 놀라운 우연이 숨어 있다. 우리에게는 이 나눗셈을 다스릴 위대한 힘이 있다. 사실 답은 이미 눈앞에 펼쳐져 있다. 긴 수열의 맨 앞에 있는 숫자 8을 맨 뒤로 넘기기만 하면 답이 나온다. 즉 이 나눗셈의 결과는 1012658227848이다. 나눗셈이 언제나 이렇게 풀리면 얼마나 좋을까.

두 자리 수로 나누기

— Section 2 —

지금까지의 내용만으로도 나눗셈의 많은 부분을 다루었다. 시작 치고는 꽤나 무거운 편이었다. 그렇다고 두 자리 수가 나오자마자 곧바로 도망칠 수는 없다. 전쟁터에서 빈손으로 물러나지 않으려면, 우리의 온 신경 세포를 무장하여 동원해야 한다. 시작해 보자.

$$1359 \div 61 = ?$$

① 한 자리 수로 나눌 때와 마찬가지로, 먼저 몫의 자릿수를 생각해 보자. $10 \times 61 = 610$이고 $100 \times 61 = 6100$이므로 몫은 두 자리 수가 된다.

② 그러면 제수 61에 10의 몇 배를 곱해야 피제수 1359에 가까워질까? 20×61=1220이고 30×61=1830이므로, 몫의 10의 자리 수는 2이다.

③ 그런 다음 1220을 1359에서 빼 주자. 1359-1220=139

④ 여기에서 나온 139로 다시 나눗셈을 한다. 139÷61=2 나머지 17이므로 답은 빠르게 나온다. 즉 몫의 1의 자리는 2이고 나머지는 17이다.

⑤ 이 과정을 모두 정리하면 1359÷61=22 나머지 17이고, 분수식으로 표현하면 $1359 \div 61 = 22\frac{17}{61}$ 이다.

소수점 아래 숫자들의 간주곡

이번에는 분수와 소수들이 함께하는 막간 공연을 감상해 보자. 분수를 소수로 바꾸려면 나눗셈을 해 주면 된다. 그럼 반대로 소수를 분수로 만들려면 어떻게 해야 할까? 예를 들어 0.724를 살펴보자. 아직까지는 크게 어려워 보이지 않으니, 오늘은 운이 좋은 날인가 보다. 이 소수는 소수점 아랫자리에 답이 다 나와 있다. $\frac{7}{10}$ 과 $\frac{2}{100}$ 그리고 $\frac{4}{1000}$ 로 이루어진 소수이므로, 이들을 하나로 합하면 $\frac{724}{1000}$ 로 표현할 수 있다. $0.724 = \frac{724}{1000}$

'일반화'라는 선물을 활용해 보자. 어떤 소수의 소수점 아래가

n자리일 때, 이를 간단히 분수로 만드는 방법은 소수점 아래의 n자리 수를 그대로 분자에 두고, 분모는 1 뒤에 0을 n개 붙여 n자리만큼의 10의 거듭제곱을 놓으면 된다. 이렇게 간단한 방법으로 우리는 소수와 분수를 자유자재로 넘나들 수 있다. 너무나 익숙한 과정이어서 언뜻 그리 대단해 보이지 않을 수 있지만, 이는 소수와 분수의 관계에서 매우 중요한 규칙이다.

그런데 만약 소수점 아래의 숫자들이 끝없이 순환을 한다면 어떻게 해야 할까? 이를테면 0.878787… 같은 순환소수를 분수로 나타내려면 어떤 방법을 써야 할까? 이론상으로는 이러한 순환소수도 똑같은 방식으로 표현할 수 있다. 다만 그러면 분자도 분모도 끝도 없이 길어질 것이다. 그래서 순환소수를 분수로 나타낼 때에는 다른 방식이 필요하다. 우선 순환하는 부분을 분자로 두고, 분모에는 순환하는 수의 자릿수만큼 9를 놓는다. 위의 순환소수의 경우 순환하는 부분이 87이고 이 수가 두 자리이므로, 분자는 87이고 분모는 99이다. 이를 식으로 나타내면 $0.878787\cdots = \dfrac{87}{99}$ 이다.

어딘가 이상해 보일지도 모르겠다. 이 식이 정말 맞는 걸까? 어떤 원리로 이런 분수가 나오는 걸까? 이렇게 한번 생각해 보자. 순환소수 0.878787…을 x라 놓고 x를 100배(순환하는 부분의 자릿수만큼 10을 거듭제곱한 값)해 보자. 즉 $x = 0.878787\cdots$의 양변에 100을 곱하면 $100x = 87 + x$ 라는 식이 만들어진다. 이 식을 정리하면 99x=87이 되고, 이를 분수로 나타내면 $x = \frac{87}{99}$ 이 된다.

연산은 인간적이다, 환산도 마찬가지다

피보나치는 이미 앞에서도 두어 차례 등장했다. 그의 본명은 레오나르도 디 피사Leonardo di Pisa로, 피보나치는 그의 별명이다. 피보나치는 12세기 이탈리아에서 가장 뛰어난 수학자 중 한 사람이었다. 피보나치 수열은 오늘날까지도 널리 회자되고 있으며, 그래서 피보나치는 수학자들 사이에서 여전히 슈퍼히어로로 여겨지고 있다.

앞서 간략히 소개했지만, 그가 고안한 수열의 기본 틀은 다음과 같은 방식으로 만들어진다. 0과 1로 시작한다면, 다음에 이어질 수는 앞의 두 수를 합한 값이 된다. 이런 수들이 이어진다. 0, 1, 1, 2, 3, 5, 8, 13, 21, 34, 55, 89, 144, 233, …

일찍이 피보나치는 이 수열을 토끼 수의 증가와 연결해 설명하기도 했다. 그의 토끼 이야기는 갓 태어난 토끼 한 쌍부터 시작한다. 이들은 태어난 지 두 달 뒤부터 새끼를 낳을 수 있는데, 번식이 가능한 토끼 한 쌍은 매달 어린 토끼 한 쌍씩을 낳는다. 이렇게 태어난 토끼 한 쌍도 번식할 수 있는 때가 되면 매달 토끼 한 쌍씩을 낳는다. 이렇게 번식이 이어진다면, 이 토끼들이 매달 낳는 토끼의 수는 얼마나 증가할까. 피보나치 수에 그 답이 있다.

피보나치 수는 엄청난 매력을 가지고 있는데, 이 수열의 나란히 맞닿아 있는 두 수에서 큰 수를 작은 수로 나눠주면 수가 커질수록 이른바 '황금 비율'이라 불리는 수 1.618…에 가까워진다. 예를 들어 $\frac{21}{13}$=1.615…이고, $\frac{34}{21}$=1.619…이다.

그런데 아주 우연히도, 1마일은 1.609킬로미터에 해당한다. 그래서 우리는 피보나치 덕에 마일을 순식간에 킬로미터로 환산할 수도 있다. 피보나치 수에서 차례로 이어지는 수 두 개를 골라 보자. 예컨대 21과 34라면, 21마일은 대략 34킬로미터(정확히는 33.79킬로미터)가 된다. 이런 방식은 어느 정도 한계가 있어 보인다. 피보나치 수에 한해서만 환산을 할 수 있기 때문이다. 하지만 피보나치 수가 아닌 수들도 피보나치 수열을 이용해서 환산이 가능하다. 예를 들어 100마일을 킬로미터로 환산한다고 생각해 보자. 굳이 계산하지 않아도 160.9킬로미터라는 건 곧바로 알 수 있다. 그러나 여기에선 연산으로 구해 보자. 'π번 엄지손가락을 들어' 계산을 하면 된다.

먼저 피보나치 수들만을 더해서 100을 만들어 보자. 100=89+8+3이라는 등식을 찾을 수 있다. 피보나치 수열에서 89, 8, 3의 바로 다음에 이어지는 수들은 144, 13, 5이고 이들을 모두 더하면 162가 나온다. 즉 162가 100마일을 킬로미터로 환산한 어림값이다. 거꾸로 킬로미터를 마일로 바꾸고 싶다면 같은 방식으로 하되, 피보나치 수열에서 뒤에 따라오는 수가 아니라 바로 앞에 있는 수로 환산을 하면 된다. 즉 89, 8, 3의 바로 앞에 있는 수들은 55, 5, 2이고 이들을 모두 더하면 62이므로 100킬로미터는 대략 62마일이다. 어떤 수든 피보나치 수의 덧셈으로 표현할 수만 있다면 언제나 써먹을 수 있다.

피보나치가 살아 있다면 이렇게 환산하는 것을 보고, 어쩌면 자신이 예로 든 토끼들보다 더 마음에 든다고 했을지도 모른다.

두 자리 수로 나누어떨어지는 수

모든 일에는 양면이 있다. 쉬운 일이 있으면 어려운 일도 있고, 장점이 있으면 단점도 있다. 지금부터는 잠깐 제쳐두었던 '나누어떨어지는 수'들을 다시 살펴보려 한다. 이번엔 분명 나눗셈의 달달한 면을 맛보게 될 것이다. 우선 다음의 규칙을 익혀 보자.

제수가 10~20인 나눗셈에서, 나머지 없이 떨어지려면 나뉘는 수(피제수)가 아래의 조건을 만족해야 한다.

• 11로 나누어떨어지려면, 피제수의 각 자리를 덧셈과 뺄셈을 번갈아 연산해서 나온 값이 11로 나누어떨어져야 한다. 예컨

대 297을 덧셈과 뺄셈을 번갈아 계산하면 2-9+7이 된다. 헷갈리지 않으려면 맨 끝자리 수부터, 각 자리 앞에 덧셈 기호와 뺄셈 기호를 번갈아 놓으면서 연산을 해 주면 된다. 뒤에서부터 홀수번째 자리의 수끼리만 먼저 더한 뒤에 짝수번째 자리의 수끼리만 더한 값을 빼는 방법도 있다.

- 12로 나누어떨어지려면, 피제수가 3으로도 4로도 나누어떨어져야 한다. 즉 각 자리를 모두 더한 값이 3으로 나누어떨어지면서 끝 두 자리가 4의 배수여야 한다.

- 13으로 나누어떨어지려면, 계산이 좀 복잡하다. 먼저 피제수의 1의 자리 수를 네 배 하고, 그 값에 피제수에서 1의 자리를 지우고 남은 수를 더한 값이 13으로 나누어떨어져야 한다. 나뉘는 수가 $abcde$로 표시된다면, $abcd+(4\times e)$가 13의 배수여야 한다는 것이다. 필요하다면 이 과정을 여러 차례 되풀이할 수 있다.

- 14로 나누어떨어지려면, 피제수가 2로도 나누어떨어지고 7로도 나누어떨어져야 한다.

- 15로 나누어떨어지려면, 피제수가 3으로도 나누어떨어지고 5로도 나누어떨어져야 한다.

- 16으로 나누어떨어지려면, 피제수의 마지막 네 자리가 16으로 나누어떨어져야 한다.

- 17로 나누어떨어지려면, 피제수의 1의 자리 수를 다섯 배 하

고, 그 값을 피제수에서 1의 자리를 지우고 남은 수에서 뺀 계산 값이 17로 나누어떨어져야 한다. 즉 피제수가 *abcde*라면, *abcd*−(5×*e*) 값이 17의 배수여야 한다는 뜻이다. 필요하다면 이 과정은 여러 차례 반복할 수 있다.

• 18로 나누어떨어지려면, 피제수가 2로도 나누어떨어지고 9로도 나누어떨어져야 한다.

• 19로 나누어떨어지려면, 피제수의 1의 자리 수를 두 배 하고, 그 값에 피제수에서 1의 자리를 지우고 남은 수를 더한 값이 19로 나누어떨어져야 한다. 다시 말해 피제수가 *abcde*라면, *abcd*+(2×*e*)가 19의 배수라는 뜻이다. 마찬가지로 필요하다면 이 과정을 여러 차례 반복할 수 있다.

이쯤에서 잠시 중요한 공지 사항을 전달해야겠다. 1부터 19까지의 수들을 큰 수부터 거꾸로 나열하면 모두 스물아홉 자리의 수가 생성된다.

$$19181716151413121110987654321$$

부디 투덜거리지 말고, 이들을 19로 나누어 보자. 별로 중요한 내용 같지 않은가? 뭐, 생각하기 나름이다. 아차, 20이 남았다.

• 20으로 나누어떨어지려면, 피제수의 1의 자리가 0이고 10의 자리가 짝수여야 한다.

이로써 나눗셈을 위한 최소한의 기본 장비는 갖추었다. 이 정도면 나눗셈을 더 깊이 파내려 갈 채비가 되었을 것이다. 나눗셈에 대한 흥미와 동기도 어느 정도 생겼으리라 기대한다. 위에서 살펴본, 나누어떨어지는 수들의 규칙만 잘 익혀도 앞으로 등장하는 여러 나눗셈들을 어려움 없이 다룰 수 있다. 물론 마지막에 언급한 20으로 나누어떨어지는 수처럼, 지극히 단순하고 전형적인 경우는 그리 흔치 않다. 수가 커질수록 나누어떨어지는 수의 규칙은 더 복잡하고 까다로워지기 때문이다. 가끔은 20의 규칙처럼 소박한 행운이 얻어걸릴 때도 있지만, 늘 그런 것은 아니니 마음을 단단히 먹기 바란다.

77까지 질러가기

77은 이리듐Iridium의 원자번호이다. 77에 1을 더한 78은 백금Platinum의 원자번호이다. 백금은 아주 유명한 원소지만 이리듐은 그에 비해 과소평가되어 있다. 하지만 최소한 여기에서만큼은 이리듐을 소중하게 다룰 것이다. 나도 이리듐을 결코 과소평가하지 않는다. 그래서 지금부터 하려는 이야기는 이리듐에게 바치는 내용이다.

xyzxyz 형식으로 이루어진 모든 수는 77로 나누어떨어진다!

예를 들어 345345÷77=4485이다.

이 밖에 더 놀라운 사실도 있다. 나는 이 이야기를 '수평적 사고'를 가진 이들에게 기꺼이 헌정하고 싶다.

어떤 수를 세 자리 단위로 분리하여 덧셈과 뺄셈을 번갈아 할 때, 그 연산 결과가 77로 나누어지면 그 수는 77로 나누어떨어진다.

이 문장만으로는 쉽게 이해가 안 갈 것이다. 좀 더 설명해보겠다. 덧셈과 뺄셈을 번갈아 하는 연산은 앞에서도 한 번 다룬 적이 있다. 11로 나누어떨어지는 수의 조건을 떠올려보자. 그런데 이 문장에는 이 연산말고 조건이 하나 더 붙어 있다. 우선 애초의 수를 세 자리 단위로 떼내야 한다. 실제 수에 대입해서 계산해 보자. 예를 들어 808214176이라는 수를 세 자리 단위로 분리하면 808, 214, 176이라는 수들이 나온다. 이들을 번갈아 더하고 빼 주면, 176-214+808=770이 된다. 앞에서부터 808-214+176으로 계산해도 값은 동일하지만, 헷갈리지 않도록 오른쪽부터 덧셈→뺄셈 순서로 번갈아 연산을 진행했다. 이 값 770은 77로 나누어떨어진다. 그러므로 우리가 처음 만들었던 아홉 자리 수 808214176도 77의 배수이다. 놀랍게도 정말 그렇다. 808214176÷77=10496288.

여기까지 왔다면 이제 나누어떨어지는 수들의 세계에 좀더 깊이 발을 들여 보자. 지금부터는 나누어떨어질 가능성이 있는, '수의 경계선'으로 나아갈 것이다.

나누어떨어질 가능성의 도道

여기 가지런히 늘어선 스물여덟 자리의 숫자 괴물이 있다.

5□383□8□2□936□5□8□203□9□3□76

사이사이에 끼여 있는 열 개의 빈칸은 우리가 직접 채워야 한다. 그럼 질문을 하나 하겠다.

0, 1, 2, 3, 4, 5, 6, 7, 8, 9 이렇게 10개의 숫자 가운데 하나씩 이 위의 □ 안에 들어갈 수 있다고 할 때, 모자 속에서 이 숫자들을 하나씩 무작위로 꺼내서 차례로 빈칸을 채운다고 생각해 보자. 그렇게 완성된 스물여덟 자리 수가 396으로 나누어떨어질 확률은 얼마나 될까?

좀 복잡하게 들릴 수도 있다. 차근차근 한 걸음씩 짚어가며 길을 찾아보자. 모자 속에서 숫자들을 뽑아 나올 수 있는 경우의 수는 모두 $10 \times 9 \times 8 \times 7 \times 6 \times 5 \times 4 \times 3 \times 2 \times 1 = 10!$가지이다. 즉 열 개의 빈칸을 각기 다른 숫자들로 채워서 만들 수 있는 스물여 덟 자리의 수 역시 그만큼이 나온다. 그 모든 수들을 일일이 396 으로 나눠서, 10!번의 나눗셈을 하면 앞서 내가 던진 질문에 답을 할 수 있을 것이다. 하지만 온종일 이 나눗셈에 몰두하다 보면 기나긴 겨울밤이 다 지나갈 것이다. 아니 겨울밤만으로도 모자라다. $10! = 3628800$이므로 3628800개의 스물여덟 자리 수를 놓고 이들이 각각 396으로 나누어떨어지는지 하나씩 확인하려면, 스물여덟자리 수 나눗셈 두 개를 1분 안에 계산한다 해도 3년 반이 걸릴 테니까. 이건 나에게도 여러분에게도 너무 가혹한 시간낭비다. 그러니 방법을 바꿔서 탐정 모드로 문제에 접근해야 한다. 즉 나누어떨어질 수 있는 가능성을 찾아 증거를 수집해야 하는 것이다.

① 먼저 들여다볼 부분은 마지막 두 자리다. 이건 그리 어렵지 않아 보인다. 빈칸에 어떤 숫자가 들어가든 위 수의 마지막 두 자리는 76으로, 4로 나누어떨어지는 수이다. 따라서 우리가 만들 수 있는 모든 스물여덟 자리 수 또한 4로 나누어 떨어진다.

② 다음으로 빈칸에 넣을 열 개의 숫자를 살펴보자. 0부터 9까지의 수들을 모두 더하면 45가 된다. 그리고 이 수

들은 모두 뒤에서부터 홀수번째 자리에 들어간다. 위의 수를 맨 끝자리부터 확인해 보면 빈칸이 모두 홀수번째 자리라는 걸 알 수 있다. 따라서 밝혀져 있는 모든 홀수번째 자리의 수들 더하고, 여기에 45를 더하면 6+0+3+8+45=62가 된다. 그리고 짝수 자리에 있는 수들 더하면 7+3+9+3+2+8+5+6+9+2+8+3+3+5=73이 나온다. 두 수를 덧셈과 뺄셈을 번갈아 한다면, 즉 짝수 자리의 수를 더한 값에서 홀수 자리의 수를 더한 값을 빼면 73-62=11이 되어 11로 나누어떨어진다. 따라서 빈칸에 열 개의 숫자를 어떻게 채우든 이 수는 11로 나누어떨어진다.

③ 또한 이 수의 각 자리에 있는 수를 모두 더하면 73+62=135로, 9로 나누어지는 수이다. 따라서 이 수는 9로 나누어떨어진다.

④ 이제 정리를 해 보자. 빈칸을 채워 만들 수 있는 3628800가지의 수들은 모두 4로도, 11로도, 그리고 9로도 나누어떨어지며, 따라서 4×9×11=396으로도 나누어진다고 할 수 있다.

그럼 앞서 내가 던진 질문에 알맞은 답은 무엇일까? 빈칸에 열 개의 숫자를 임의로 채워 만들어진 스물여덟 자리 수가 396으로 나누어떨어질 확률은 100퍼센트다! 더도 덜도 아니고, 딱 떨어지는 100퍼센트짜리 답이 나왔으니 얼마나 명쾌한가. 어느 확률 전문가는, 확률 이론에서 "100퍼센트보다 낮은 확률은 결코 개연성이 높다고 확신할 수 없다"고 한다. 이는 일종의 수학적 농담이자 일리 있는 명언이기도 하다. '머피의 법칙'에서처럼, 열 번 가운데 아홉 번이 틀리더라도 우리는 '50 대 50'의 법칙이 맞아떨어졌다고 생각하기도 하니까. 물론 이 문장은 전혀 수학적이지 않았다. 아무래도 좀 쉬었다 가야 할 모양이다.

수학 그리고 마티니 한 잔   TIP

나누어떨어지는 수들을 가볍게 해결하고 나니 마치 시원한 여름음료수를 들이켠 것처럼 기분이 놀랍도록 상쾌해진다. 그런 의미에서 여러분에게 마티니 한 잔을 소개하겠다.

· 재료 ·
마티니 비앙코 1, 신 레몬 조각 4, 원하는 만큼의 얼음 조각.

· 난이도 ·   **· 알코올 도수 ·**
측정 불가능   중요하지 않음

· 만드는 방법 ·
차게 얼린 긴 컵에 얼음 조각들을 담고, 그 위에 마티니 비앙코를 부어 준다. 그리고 레몬 조각들로 잔을 채운다. 여기서 가장 중요한 점, 천천히 마음껏 즐겨야 한다!

나누어떨어지는 수와 세계의 종말

1946년 미국의 한 일간지 《애류헌 데일리 하울러》는 과야주엘라 대학의 유클리드 파라셀로 봄바스트 움부지오 교수가 수년간의 연구 끝에 '세계의 종말'을 계산하는 공식을 밝혀냈다고 보도했다. 그 공식은 이렇게 생겼다.

$$1492^n - 1770^n - 1863^n + 2141^n$$

이게 다 무슨 뜻일까? 이 공식으로 어떻게 세상의 종말을 계산하는 걸까? 교수님의 말씀에 따르면, 이 공식의 n에 0부터 1945까지의 정수를 대입해 계산해 나온 값이 모두 1946으로 나누어떨어진다고 한다. 공식에 등장하는 값 1492, 1770 그리고 1863은 모두 역사적으로 중요한 사건이 일어난 해와 관련된 수들이다. 크리스토퍼 콜럼버스Christopher Columbus가 아메리카 대륙을 발견한 해, 보스턴 학살과 미국 독립전쟁이 발발한 해, 그리고 미국 대통령 에이브러햄 링컨Abraham Lincoln의 게티즈버그 연설이 있던 해가 바로 이들이다. 그렇다면 공식의 마지막에 있는 2141은 어떤 의미일까? 교수님의 날카로운 추론에 따르면 2141은 세계가 끝나는 해라는 것이다. 이 말도 안 되는 주장을 이해하려면, 우선 이 공식을 낱낱이 분해해 볼 필요가 있다. 그의 공식을 수학식으로 재구성하면 다음과 같다.

$$x^n-(x+a)^n-(x+b)^n+(x+a+b)^n$$

이처럼 임의의 정수 x, a, b, n으로 구성된 이 공식의 값은, n의 값과 상관없이 언제나 $a \times b$로 나누어떨어지게 되어 있다(또한 어떤 수가 $a \times b$로 나누어떨어진다면, 동시에 $a \times b$의 모든 약수로도 나누어떨어진다는 뜻이다). 와, 그건 정말 흔치 않은 우연이다.

움부지오 교수가 만든 세계 종말 공식은 아주 이례적인 결과를 도출해 냈다. 즉 $x=1492$, $a=278$ 그리고 $b=371$이라는 값을 얻어낸 것이다. 이를 정리하면 $x+a=1770$이고 $x+b=1863$이며 $x+a+b=2141$이 된다. 이때 $278 \times 371=103138$이며, 물론 1946도 103138의 약수 가운데 하나이다.

움부지오 교수의 엉뚱한 논리를 비슷한 방식으로 차용하면, 얼마든지 앞날을 예언하고 입증할 수 있다. 이를테면 2141년이 아닌 다른 해에 세상이 끝난다고 하거나, 이 책이 2021년에 노벨상을 받을 거라고 주장할 수도 있다. 움부지오 교수처럼 나도 내 예언을 직접 증명해 보일 수 있다.

다음 공식에 따르면 2012년에 첫 문장을 쓰고 2016년에 출판 계약을 맺었으며 2017년에 출간한 이 책과 관련해서 2021년은 내게 아주 특별한 해이다. 이 책을 처음 구상하고 사전 작업을 시작한 때로부터 딱 20주년이 되는 해이기 때문이다. 그런 의미에서 20도 내게 무척 중요한 수인데, 공식 $2012^n - 2016^n - 2017^n + 2021^n$ 에서 n=0, 1, 2, …, 20을 대입한 값이 모두 20으로 나누어떨어진다. 그러니 2021년엔 내가 이 책으로 노벨상을 탈 것이 틀림없다!

재미있는 나눗셈 놀이

나누는 일에도 한계는 있다. 이런 사실을 우리에게 확실하게 알려줄 사람은 아마 선생님들일 것이다. 나아가 선생님들이 집단으로 모여 있다면 그 신빙성은 더욱 높아질 것이다. 그런 의미에서 아래의 문장은 결코 '나눌 수 없는 진실'을 말해 주고 있다.

우리 교직원 협의회는 구성원들을 성별로 나누지 않습니다.

이것은 헤센주 교원단체의 안내 책자에 적힌 문구로, 우리가 다루고 있는 나눗셈에 의미심장한 질문을 던지고 있다.
분위기를 바꿔서 좀더 유익하고 지적인 내용으로 넘어가 보자. 앞서 여러 차례 언급했던 회문이다. 회문으로 이루어진 나눗셈을 검산해 보자.

$$1234567876543211 \div 11 = 112233443332211$$

이번엔 조금은 특별하고 재미있는 퍼즐을 마련해 보았다. 다음 나눗셈의 빈칸에 들어갈 숫자를 모두 채워야 한다.

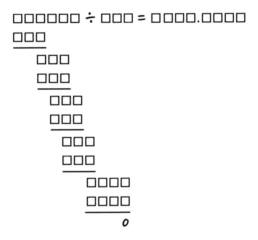

풀기 쉬운 문제는 아니니, 아주 천천히 한 걸음씩 답을 찾아 나서야 한다. 여러분을 위해 느림보 모드로 설명해 보겠다.

① 먼저 당연히 0일 수밖에 없는 자리부터 표시하면 다음과 같다.

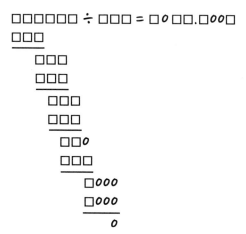

가령 맨 윗줄의 뺄셈을 한 나머지가 한 자리 수밖에 안 되므로 피제수에서 한 자리만 더 내려서 붙여서는 세 자리 수로 나눌 수가 없다. 따라서 세 자리 수로 나누려면, 몫의 100의 자리는 0으로 비워놓고 피제수의 10의 자리까지 한 자리를 더 내려 붙여서 둘째 줄의 연산을 해야 한다. 마찬 가지로 마지막 줄은 소수점 아래 둘째 자리뿐 아니라 셋째 자리까지 붙여도 나눌 수가 없어서 넷째 자리까지 붙여 연산을 한 것이므로, 몫의 소수점 아래 둘째 자리와 셋째 자리가 모두 0이 된다. 또한 피제수는 여섯 자리의 정 수이므로 소수점 아래는 모두 0으로 놓아야 한다.

② 이제 맨 아랫줄에 놓인 네 자리 수부터 보자. 위에서 살폈 듯, 이 수는 끝의 세 자리가 모두 0이어야 한다. 맨 앞자리

의 수를 m이라 하면, m×1000이라 표현할 수 있다. 그런데 몫의 맨 끝자리 수를 n이라 하면, 이 수는 n에 제수를 곱한 값과 같으므로 n×(제수)=m×1000이 성립한다. 또 1000을 소인수분해하면 $2^3 \times 5^3$으로 나타낼 수 있으므로, 제수=$2^3 \times 5^3 \times \dfrac{m}{n}$로 쓸 수 있다. 여기까지는 무난하게 왔다. 조금만 더 가 보자.

③ 위의 등식으로부터, 제수가 5로 나누어떨어진다는 사실을 추론할 수 있다. 실은 25로도 나누어떨어진다. n이 한 자리 수이기 때문에 n=5라 해도 5^2은 남기 때문이다(n≠5라면 5^3이 고스란히 남는다). 따라서 5로 나누어떨어질 조건을 떠올려보면 제수의 끝자리는 0 또는 5가 되겠지만, 0일 수는 없다. 피제수의 소수점 아래 첫째 자리가 0이라는 조건 탓에, 만일 제수의 끝자리가 0이라면 아래에서 둘째줄의 연산이 0에서 0을 빼는 뺄셈이 되어 버리기 때문이다. 뺄셈의 결과 m=0이 나오면 맨 아랫줄의 연산은 사라진다. 이로써 m=5이고, 제수의 맨 끝자리가 5라는 것을 알 수 있다. 또 n=8이라는 것까지 알 수 있다. 끝자리 5가 홀수이므로 제수는 2로 나누어떨어지지 않는 수이고, 2을 약수로 가지지 않으려면 n=2³일 수밖에 없기 때문이다. 이제 위 등식에 m=5와 n=8을 대입하면 제수는 625이다.

④ 제수의 자리에 625를 넣으면 그 다음은 일사천리로 진행
된다. 맨 아랫줄의 연산을 제외하면 모두 세 자리 수이므로
몫의 해당 자리에 올 수 있는 수는 1밖에 없기 때문이다(즉
625×2만 해도 1250으로 네 자리 수가 된다). 따라서 이 나눗셈의
몫은 1011.1008이고, 제수와 몫을 곱하면 피제수를 구할
수 있다. 1011.1008×625=631938.

이 결과를 놓고 전체 연산 과정을 재구성해서 빈칸을 채우면
아래 그림과 같다.

$$631938 \div 625 = 1011.1008$$

$$\underline{625}$$
$$693$$
$$\underline{625}$$
$$688$$
$$\underline{625}$$
$$630$$
$$\underline{625}$$
$$5000$$
$$\underline{5000}$$
$$0$$

문제를 직접 풀어 보았는가? 아니면 풀이 과정을 찬찬히 따라가면서 최소한 이해는 했는가? 그것만으로도 충분하다! 여기까지 오느라 수고했으니, 스스로에게 시원한 음료수 한 잔을 권해 보자. 잠시 숨을 고르면서 머리를 식혀 줄 필요가 있다. 머리를 식히기에 적당한 음료수는 뭐가 있을까?

호놀룰루 쿨러

TIP

· 재료 ·
얼음 조각 2, 잘게 부순 얼음 3스푼, 자몽 과즙 1, 레몬 과즙 1, 마라쿠야 과즙 2, 오렌지 과즙 3, 파인애플 과즙 4

· 만드는 방법 ·
얼음 조각 두 개와 모든 과즙을 칵테일 셰이커에 담아 힘차게 흔들어 준다. 긴 컵의 4분의 1 가량을 잘게 부순 얼음으로 채우고 셰이커로 섞은 과즙을 그 위에 붓는다. 그럴 듯하게 장식을 하고 싶다면 스타프루트 한 조각과 키위 한 조각, 그리고 오렌지 한 조각을 이쑤시개에 끼워 올려 보자.

모든 값 뒤집기

벌써 유턴을 하자는 건 아니다. 우리 앞에는 아직 가야 할 길이 남아 있다. 그저 나눗셈의 특수한 경우를 자세히 들여다보려는 것인데, 바로 '역수'가 그것이다.

역수는 매우 특별한 분수이다. 어떤 값의 역수를 만들려면, 그 값을 분모에 둔 다음 분자에는 1을 올려놓으면 된다. 그렇게 만들어진 분수가 처음 값의 역수가 되는 것이다. 분자가 1인 분수는 '단위분수'라고도 부르는데, 이들은 사람의 마음을 끌 만큼 매력적이다. 그래서인지 고대 이집트인들은 역수, 즉 단위분수에 특별한 애정을 가지고 있었다. 그들은 분수의 분자 자리에 1만을 고집했다. 1 외에 다른 수가 분자에 놓이면 섹시하지 않다고 생각했던 모양이다.

이집트의 분수 사회는 두 개의 계급으로 이루어져 있었다. 말하자면 분자가 1인 단위분수가 상위의 제1계급이며 그 외의 다른 분수들은 그보다 낮은 제2계급이었던 셈이다. 그래서 이집트인들은 분수 $\frac{2}{9}$ 대신 $\frac{1}{5}+\frac{1}{45}$로 쓰곤 했다. 사실 $\frac{2}{9}$는 $\frac{1}{9}+\frac{1}{9}$이라고 표현하는 편이 더 간단할 텐데, 그들에게는 간결함보다 더 중요한 무언가가 있었나 보다.

고대 이집트 사람들의 독특한 분수를 다루다 보면 자연스럽게 이런저런 의문이 생긴다. 그렇게 분자에 1만을 고집하면 한계가 있지 않을까, 그리고 0과 1 사이에 있는 그 수많은 분수들을 모두 단위분수만 더해서 만들 수나 있을까 하는 의문이 드는 것이다. 그건 꽤나 복잡한 문제이다. 다행히 고대 이집트의 암산 전문가들은 이러한 우려를 미리 알아채기라도 했는지 해소할 대책을 마련해 놓고 있었다.

단위분수, 즉 역수를 찾는 기술은 의외로 쉽고 단순하다. 이 기술만 있으면 어떤 분수든지 어떤 단위분수들의 합인지를 구할 수 있다. 조금만 생각하면 금방 이해할 수 있는 기술이다. 가령 임의의 분수 $\frac{m}{n}$이 어떤 단위분수들의 합인지를 구하려면, 먼저 $\frac{m}{n}$에서 뺄 수 있는(즉 뺄셈의 값이 양수로 나오는) 가장 큰 단위분수를 빼 준다. 그러고는 뺄셈의 결과가 0이 될 때까지 같은 방식으로 뺄셈을 계속한다. 그 다음으로 큰 단위분수들을 차례로 빼다 보면 언젠가 0이 나온다. 그러면 모두 더해 $\frac{m}{n}$이 되는 모든 단위의 분수를 구하게 되는 것이다.

수학에서 이처럼 꾸준한 반복으로 값을 구하는 건 귀여운 연산에 속한다. 물론 언젠가 연산이 끝이 나야 이 반복도 귀엽게 느껴질 것이다. 그렇지 않으면 돌고 도는 반복 속에서 내내 고개를 돌리다가 목뼈를 다칠 수도 있다. 로터리를 뱅뱅 도는 일도 언젠가는 멈추어야 한다. 다행히도 모든 분수에는 이 반복을 벗어날 길이 있다. 그럼 무엇을 어떻게 해야 할까?

이 방법에서 가장 중요한 문제는 바로 어떤 분수를 넘지 않는 가장 큰 단위분수를 구하는 일이다. 생각보다 그리 어렵지 않으니 천천히 시도해 보자. 분수 $\frac{m}{n}$을 넘지 않는 가장 큰 단위분수를 찾으려면 우선 분모 n을 $n=sm+r$과 같은 형태로 만들어야 한다. 단 자연수 s의 최솟값은 1이며, 나머지 r의 최솟값은 1, 최댓값은 $m-1$이다. 자연수 r의 범위를 부등식으로 표현하면 $0 \langle r \langle m$이라 쓸 수 있는데, 이 부등식의 각 변에 sm을 더하면 $sm \langle (sm+r=n) \langle [sm+m=(s+1)m]$이 된다. 다음으로 각 변의 역수를 취해 정리하면 $\frac{1}{sm} \rangle \frac{1}{n} \rangle \frac{1}{(s+1)m}$이 되고, 각 변에 m을 곱하면 $\frac{1}{s+1} \rangle \frac{m}{n} \rangle \frac{1}{s}$이 성립한다. 이 식으로부터 $\frac{1}{s+1}$이 우리가 찾는 '$\frac{m}{n}$을 넘지 않는 가장 큰 단위분수'라는 것을 알 수 있다. 이제 분수 $\frac{m}{n}$에서 가장 큰 단위분수를 빼는 과정을 식으로 표현하면 다음과 같이 정리된다.

$$\frac{m}{n} - \frac{1}{s+1} = \frac{m(s+1)-n}{n(s+1)} = \frac{m(s+1)-(sm+r)}{n(s+1)} = \frac{m-r}{n(s+1)}$$

어떤가, 이 정도면 충분히 이해가 가는가?

이제 우리에게 남은 과제는, 이 식의 마지막 값을 활용해서 $\frac{m}{n}$ 이 어떤 단위분수들의 합일지 구하는 일이다. 전체적인 과정이 조금 복잡한 편이었지만, 위의 식에서 나온 결과는 생각보다 간단하다. 식의 맨 왼쪽에 있는 분수 $\frac{m}{n}$ 과 맨 오른쪽의 분수 $\frac{m-r}{n(s+1)}$ 을 비교해 보자. 이런 방식으로 분수 $\frac{m}{n}$ 에서 분자 m 을 $m-r$ 로 줄여가는 과정을 계속 반복하다 보면, 그 다음으로 이어지는 분수의 분자는 이전의 분자보다 더 작아지게 된다. 나머지인 r 의 최댓값이 $m-1$ 이므로, 이 과정을 최대 $m-1$ 번만 되풀이하면 더해서 $\frac{m}{n}$ 을 만드는 모든 단위분수를 구할 수 있다.

π와 함께 단체사진 찍기

고대 이집트인들이 다음의 분수들을 보았다면 굉장히 기뻐했을 것이다. 어쩌면 그들은 그 당시에도 이미 이 분수들을 알고 있었을지도 모른다.

$$1 - \frac{1}{3} + \frac{1}{5} - \frac{1}{7} + \frac{1}{9} - \cdots = \frac{\pi}{4}$$

이 모습을 보고 있자니 문득 궁금증이 하나 생긴다. π는 대체 무슨 이유로, 홀수의 역수들과 함께 단체 사진을 찍으려고 한 걸까? 끝도 없이 이어지는 역수들을 불러모아서 도대체 뭘 하려 한 걸까?

고대 이집트 사람들과는 이쯤에서 작별 인사를 해야겠다. 서론이 좀 길었지만, 이제부터는 다시 암산의 세계로 발을 내디뎌 보자.

1을 19로 나누는 마술

첫 번째 문제로 내가 특별히 아끼는 분수를 준비했다. 바로 분모가 19인 분수이다. 도입 문제치고는 지나치다고 느낄 수도 있다. 하지만 막상 풀다 보면 의외로 금방 이해가 갈 것이다. 이번에는 고대 인도인들의 방식으로 역수를 다룰 생각이다. 지금 소개할 역수 계산법은 본래 고대 인도의 베다 경전에 그 뿌리를 두고 있다. 이 베다 문헌을 정리하고 체계화한 사람은 인도 고바단 Govardhan 수도원의 수도원장이었던 바라티 크리슈나 티르타지

Bharati Krishna Tirthaji로, 그의 노고 덕분에 오늘날 우리가 고대 인도인들의 계산 방법을 접할 수 있게 되었다.

이 계산법의 핵심은 '앞자리 수에 하나를 더해서Ekadhika Purvena' 문제를 푸는 것이다. $\frac{1}{19}$은 분모가 19이므로, 가장 중요한 수는 '분모 19에 1을 더한 수의 앞자리' 2가 된다. 즉 $\frac{1}{19}$을 연산하려면 2라는 수가 꼭 필요하다. 그래야 다음 나눗셈을 진행할 수 있다. 설명은 이쯤으로 마치고, 실전에 들어가 보자.

$$\frac{1}{19} = ?$$

이 분수의 분자는 1이다. 그리고 베다 수학의 계산법에 따라 '19에 하나를 더한 수의 앞자리' 2로 1을 나누면, $1 \div 2 = 0$ 나머지 1이 된다. 그러면 몫으로 구한 0이 연산 값의 첫 자리가 되고 나머지 1은 다음 계산의 10의 자리로 올려 준다. 이렇게 받아올린 수 1은, 계산의 편의를 위해 첫 자리 값 0의 왼쪽 위에 붙여 준다. 이는 앞으로 진행되는 모든 계산에서 항상 적용된다. 이제 막 계산을 시작해서 진행된 과정이 얼마 안 되기 때문에, 이를 수식으로 나타내면 다음과 같이 간단하다.

$$\frac{1}{19} = 0.\overset{1}{0}\cdots$$

이렇게 2로 나누는 과정을 되풀이해 나가면 이 연산을 무사히 마칠 수 있다. 소수점 아래 첫 자리 0에는 앞의 연산에서 올라온 1이 붙어 있는데, 이럴 땐 10으로 간주해서 다시 2로 나누어 준다. 몫의 각 자리 앞에 붙여놓은 '나머지를 받아올린 수'는 앞으로도 계속 같은 방식으로 계산해 준다.

그렇게 다음 단계들을 차례로 계산하면 아래와 같은 값이 나온다.

① 10÷2=5(5는 연산 값의 둘째 자리가 된다.)

② 5÷2=2 나머지 1(2는 연산 값의 셋째 자리가 되며 1은 올려 준다. 즉 몫인 2 왼쪽 위에 1을 붙여, 다음 단계에서는 이를 12로 간주해서 나누게 된다)

③ 12÷2=6

④ 6÷2=3

⑤ 3÷2=1 나머지 1(위와 같은 방식으로, 몫 1에 나머지 1을 첨자로 붙여 11로 간주해서 2로 나눈다)

⑥ 11÷2=5 나머지 1(이번에는 15가 되었으니, 이를 다시 2로 나눈다)

⑦ 15÷2=7 나머지 1

⑧ 17÷2=8 나머지 1

⑨ 18÷2=9

⑩ 9÷2=4 나머지 1

⑪ 14÷2=7

⑫ 7÷2=3 나머지 1

⑬ 13÷2=6 나머지 1

⑭ 16÷2=8

⑮ 8÷2=4

⑯ 4÷2=2

⑰ 2÷2=1

⑱ 1÷2=0 나머지 1

⑲ 10÷2=5

위의 과정을 정리해 보자. 지금까지의 계산을 수식으로 표현하면 이런 모양이 나온다.

$$\frac{1}{19} = 0.05263157894736842105\cdots$$

이제는 소소한 과정만 남았다. 먼저 계산의 편의를 위해 붙인 첨자들을 지우자.

$$\frac{1}{19} = 0.0526315789473684210 5 \cdots$$

그리고 순환되는 부분에 표시를 해 주자.

$$\frac{1}{19} = \overline{0.052631578947368421}$$

계산 과정에서 붙인 첨자는 다음 과정을 수월하게 진행하기 위한 수단이므로 따로 표시하지 않고 머릿속으로만 계산해도 상관은 없다. 다 풀고 나니 어떤 생각이 드는가? 나는 너무나 벅차서 숨이 막힐 지경이다. 이처럼 복잡한 연산을 빠르게 끝낼 방법이 있다니, 놀랍지 않은가!

순환소수의 마술

여기에 덧붙여 놀라운 마술 기법을 한 가지 더 소개할까 한다. 역수 $\frac{1}{19}$의 계산 결과에서 얻어진 마술이니 그리 낯설지 않을 것이다.

① 먼저 마술사는 커다란 종이나 넘길 수 있는 차트를 준비해서, 모든 관객들이 다음의 수를 한눈에 볼 수 있도록 미리 적어 둔다.

52631578947368421

② 끈 모양의 종이에, 위의 수와 똑같은 숫자를 순서대로 적되 맨 앞 또는 맨 뒤에 0을 덧붙여 적은 다음 둥글게 말아 맨 끝 수의 뒤에 맨 앞의 수가 이어지도록 붙여 준다.

③ 준비가 다 되었다면 관객 중 한 사람에게 주사위를 세 번 던지게 해서, 나온 수들을 모두 더하라고 한다. 그런 다음 그 관객에게, 주사위 눈의 합과 위의 수를 계산기로 곱하라고 한다.

④ 이쯤에서 마술사는 곱셈 값을 미리 예측한다. 예측 방법은 간단하다. 종이 끈을 잘라 관객에게 보여주면 된다. 계산기로 곱한 값과 똑같은 수가 종이 위에 적혀 있을 것이다.

이 마술의 원리를 설명해 보겠다. 위에 나열된 숫자들은 분수 $\frac{1}{19}$을 소수로 표현할 때 순환하는 부분이다. 이 소수는 0.0에서 시작해서 같은 숫자열들이 반복된다. 이처럼 순환하는 수Cyclic number는 이른바 '불사조 수'라고도 불린다. 그런데 어떤 수를 19로 나누면, 나머지로 나올 수 있는 수는 0에서 18까지 열아홉 가지이다. 따라서 1을 19로 나눈다면 늦어도 스무번째 나눗셈을 할 때가 되면 앞서 한 번 나온 나머지가 다시 등장하게 되고, 거기서부터 연산 값은 순환을 하게 된다. $\frac{1}{19}$의 경우 이 순환이 정확히 20자리마다 이루어진다. 그래서 20번째 자리 아래의 몫도 앞서 나왔던 순서와 똑같이 나타나는 것이다. 그렇다면 분수 $\frac{1}{19}$을 1, 2, 3, ⋯, 17, 18 가운데 하나의 수와 곱하면, 그 결과는 어떻게 될까?

그렇다. 새로 계산을 할 필요가 없다. 정확히 말하면, $\frac{1}{19}$의 소수점 아래 어느 자리에 있는 수부터 시작하든 결과는 항상 같다. 1~18 사이의 수는 19로 나눈 나머지이기 때문에 그 계산이 이미 $\frac{1}{19}$의 순환되는 부분 어느 자리엔가 포함되어 있으며, 따라서 여전히 분수 $\frac{1}{19}$의 순환하는 부분이 되풀이될 뿐이다.

눈치가 빠른 사람이라면 마술사가 추가로 준비해야 할 기술을 이미 파악했을 것이다. 끈 모양의 종이에 순환하는 숫자열을 딱 한 번만 적은 다음 둥글게 말아 붙였다면, 마술사는 관객이 던지는 주사위에 주목해야 한다. 그 수에 맞게 종이를 잘라야 하기 때문이다. 순환하는 수의 첫 지점은 주사위의 값에 달려 있으므로 종이를 자르기 전에 판단을 빠르게 해야 한다. 예를 들어 주사위를 세 번 던져 나온 눈의 합이 14라고 해 보자. 애초에 제시한 수는 21로 끝나므로 이를 곱한 값은 14×21=294이다. 따라서 우리의 마술사는 종이 끈의 끝에 94가 오도록 잘라야 한다.

그래야 잘라진 바로 다음 자리 7부터 새로운 수가 시작될 수 있다. 달리 말해 $\frac{14}{19}=0.\overline{731684210526315789}4$라는 뜻이기도 하다. 이렇게 간단한 기술만으로도 어마어마한 마술을 할 수가 있다.

그런데 우리가 방금 경험한 내용은 예외적인 사례가 전혀 아니다. 일반적으로 역수들의 소수꼴은 놀라운 특징을 가지고 있어서, 이를 잘 활용하면 신기한 마술로 발전시킬 수 있다. 또 다른 사례가 궁금한 이들을 위해, 내가 좋아하는 수들로 만들어진 역수를 소개할까 한다.

$$\frac{1}{17}=0.0588235294117647 0\cdots$$

이 분수 역시 0부터 시작해서 숫자들이 무한히 반복된다. 이처럼 반복되는 구간을 따로 떼어내서, 맨 앞의 0을 제외하면 커다란 수가 하나 만들어진다. 이를 다른 수와 곱하면 재미있는 결과가 나온다.

$$588235294117647 0 \times 2 = 1176470588235294 0$$
$$588235294117647 0 \times 3 = 176470588235294 10$$

두 연산 값에서 뭔가 독특한 패턴을 발견했는가? 대단하다! 그렇다면 이번엔 다른 수를 곱해서, 역시 같은 패턴이 나오는지 다시 살펴보자. 7을 곱하면 어떨까?

$$5882352941176470 \times 7 = 41176470588235290$$

이 신기한 패턴을 말로 풀어 설명하면 다음과 같다. 우선 곱하는 수 7에 6을 곱하면 42가 나온다. 이제 5882352941176470의 숫자열에서, 42에 가까우면서 42보다 작은 수를 찾아보자. 바로 41이다. 숫자열의 가운데 부분에 놓인 41이 보일 것이다. 여기에서부터 위의 숫자열을 연달아 이어 붙여 보자. 즉 41에서 시작해서 41 앞에 있는 9로 끝나도록 순환하는 숫자들을 순서대로 나열하는 것이다. 그렇게 하면 연산 값이 나온다. 3으로 곱할 때도 마찬가지다. 5882352941176470에서, 3×6=18에 가까우면서 그보다는 작은 수를 찾아보자. 17이 보일 것이다. 그러면 17부터 시작해서 17 앞에 있는 1에서 끝나도록 위의 숫자열을 나열하면 된다. 곱하려는 수에 6을 곱하는 이유는 이 숫자열이 58…로 시작하기 때문이다.

이런 구조를 잘 익혀두면 사람들 앞에서 마치 뛰어난 암산 천재처럼 뽐낼 수도 있다. 사람들에게 이 수 5882352941176470

을 제시한 다음, 2와 16 사이에 있는 아무 수나 골라 곱셈을 해보라고 하자. 사람들이 계산기로 답을 구하는 동안 우리는 그보다 더 빠르게 곱셈 값을 말할 수 있을 것이다.

29의 역수도 같은 방식으로 연산할 수 있다.

$$\frac{1}{29} = 0.0344827586206896551724137931 0 \cdots$$

이번에는 순환하는 숫자열이 다음과 같이 길다.

3448275862068965517241379310

아무리 길어도 누워서 떡 먹기 수준이다. 이제 우리는 이 거대한 괴물을 가지고도 얼마든지 곱셈을 할 수 있다. 29보다 작은, 28까지의 그 어떤 수로도 우리는 이 괴물을 마음껏 곱할 수 있다.

여기서 한 가지 주의해야 할 점이 있다. 앞선 계산에서는 순환하는 수의 맨 앞자리 하나로만 시작했다면($\frac{1}{19}$의 경우 58…의 근삿값 6으로 곱셈을 시작), 이번에는 괴물의 맨 앞에 있는 두 자리 수로 연산을 시작해야 한다. 따라서 3448275862068965517241379310을 어떤 수와 곱하려면 34를 가지고 첫 출발을 해야 한다. 예를 들어 이 거대한 수를 5로 곱한다면, 34×5=170에 가까우면서 170보다는 조금 더 큰 세 자리 수를 찾아야 한다. 순환하는 숫자열에서 이에 해당하는 삼총사는 172이다. 그럼 이제 172를 시작으로 숫자들을 순서대로 나열하면 된다. 숫자열의 끝부분인 310 뒤에 앞부분을 이어붙여 172의 앞에서 끝을 낸다. 그렇게 해서 나온 연산 값은 아래와 같다.

$$34482758620689655172413793I0 \times 5$$
$$= I7241379310344827586206896550$$

너무 재미있으니까 예를 하나 더 들어 보자. 이제 이 기다란 괴물을 11로 곱해 보자. 마찬가지로 먼저 괴물의 맨 앞에 놓인 두 자리와 곱셈을 하여, 34×11=374를 구한다. 이것만 하면 나머지 과정은 순식간에 흘러갈 것이다. 순환하는 숫자열을 세 자리씩 빠르게 훑어보며, 374에 가까우면서 그보다 큰 세 자리 수를 찾아보자. 끝부분에 379이 보인다. 이 삼총사를 시작으로 순환하는 숫자들을 나열하고, 마지막 310을 지나 다시 앞부분부터 숫자들을 차례로 늘어놓은 다음 379의 바로 앞에서 끝을 내면 곱셈의 결과가 나온다.

$$34482758620689655172413793l0 \times l1$$
$$=379310344827586206896551724l0$$

휴우, 아주 강렬하고도 묵직한 산술 시간이었다. 덕분에 이번 주제는 꽤나 무겁고 복잡했다. 이제 이들과도 슬슬 끝을 맺어야 한다. 그래도 너무 냉정하게 돌아서지는 말자. 약간의 여지를 남겨두고, 여유로운 마음으로 이번 주제를 끝내도록 하자.

역수가 만든 우연

어떤 공간에 임의로 모인 53명의 사람들 가운데, 생일이 같은 사람이 두 명 이상 나오지 않을 확률은 53의 역수인 $\frac{1}{53}$ 과 거의 일치한다. 다시 말해 53명이 모이면 그 중에서 생일이 같은 사람이 두 명 이상 나올 확률이 $(1-\frac{1}{53})$ 이라는 뜻이다. 이는 수학적으로 증명된 사실로, 53명이 모여 있으면 생일이 겹치는 사람이 적어도 두 명 이상은 나온다고 한다.

이쯤에서 내가 가장 좋아하는 역수를 여러분들에게 털어놓을까 한다. 엄밀히 말하면 역수 하나가 아니라, 일련의 역수들로 이루어진 '줄기둥'이라고 할 수 있다.

$$\frac{1}{3} = 0.3\cdots$$

$$\frac{1}{3162} = 0.0003162\cdots$$

$$\frac{1}{3162277766} = 0.0000000003162277766\cdots$$

$$\frac{1}{3162277660} = 0.00000000003162277660\cdots$$

아직 역수를 떠나보낼 준비가 되지 않은 이들을 위해, 마지막으로 흥미로운 연습 문제를 제안하고 싶다. 역수를 가지고 좀더 재미있게 놀고 싶다면 29, 39, 49, …, 99의 역수들을 19의 역수를 계산할 때처럼 베다 방식으로 풀어 보는 건 어떨까?

$$\frac{1}{29} = 0.{}^10^3{}^14^248^22\cdots$$

이번엔 분자 1을 '분모 29에 1을 더한 수의 앞자리' 3으로 연달아 나누었다. 이 수가 마지막으로 덧붙이기에 매우 적절한 역수인 것 같지만, 하나만 더 살펴보자.

이유 없이 환상적인 건 아니다

89는 환상적인 수이다. 89가 경이롭고 환상적인 데에는 다 이유가 있다. 89의 역수에는 수많은 피보나치 수들이 암호처럼 무한히 담겨 있다. 앞서 소개했다시피 피보나치 수는 0과 1을 시작으로 앞의 두 수를 더한 값이 다음 수로 이어지는 수열을 말한다. 89의 역수를 살펴보면 다음과 같다.

$$\frac{1}{89} = 0.0 + 0.01 + 0.001 + 0.0002 + 0.00003 + 0.000005$$
$$+ 0.0000008 + 0.00000013 + 0.000000021 + \cdots$$

정말 엄청나지 않은가? 이제 진짜 마지막이다. 하지만 너무 아쉬워할 건 없다. 영국의 코미디 그룹 몬티 파이튼Monty Python이 동료의 장례식장에서 외쳤던 말을 떠올리며 가볍게 끝을 맺기로 하자. 유쾌하기로 소문난 그들은 동료의 장례식에서 'F'로 시작되는 외마디를 연신 날리며 장내를 웃음과 눈물로 뒤섞은 적이 있다. 우리도 그들처럼 나눗셈과 쿨하게 작별을 하자.

정답체크

Chapter 4

이번 장에서는 다양한 연산 기법으로 구한 값이 과연 옳은 답인지 확인하는 방법을 익힐 것이다. 이 내용의 절반은 '9에 대한 오마주'라고 할 수 있다. 9라는 수에는 우리가 기대하는 것 이상의 무언가가 담겨 있다. 보통은 9보다 10을 중요하게 여기며 10에 담긴 의미를 파헤치려고 한다. 그러나 우리는 9에 숨겨진 재미있는 이야기를 다룰 것이다. 이와 더불어 9와 쌍둥이라고 할 수 있는 수 11도 눈여겨보려 한다. 즉 9와 11, 두 수로 연산 값을 점검하고 확인하겠다는 것이다.

9거법

9거법은 연산 문제를 풀고 나서 그 값을 빠르게 검산할 수 있는 방법이다. 과정이 그리 어렵지 않기 때문에 초등학생들도 거뜬히 할 수 있다. 9라는 수를 이용해서 값을 검산하는 이 방식은 굉장히 긴 역사를 가지고 있다. 로마에서는 3세기 무렵부터 9거법이 널리 소개되었는데, 그 중심에는 가톨릭 사제이자 학자인 히폴리투스Hippolytus가 있었다. 최초로 9거법을 사용한 것으로 알려진 히폴리투스는 이 검산법의 유래를 고대 그리스로 추정했다. 즉 9거법의 뿌리가 피타고라스 학파에 있다고 본 것이다.

단어의 짜임에서 뜻을 짐작할 수 있듯이, 9거법의 핵심은 9를 제거하는 데 있다. 9거법은 '어떤 수를 9로 나눈 나머지는, 그 수의 각 자리에 있는 수를 모두 더한 값을 9로 나눈 나머지와 같다'는 원리에 토대를 두고 있다. 그래서 9거법을 실행하면 주어진 수에서 9를 제거할 수밖에 없다. 어떤 수를 9로 나눈 나머지는 0~8이므로 9를 없애는 셈이며, 모든 자리를 더할 때는 9를 제외하고 계산해도 결과는 같기 때문이다. 9거법의 원리는, 검산을 위한 '검사 수'를 구하는 가장 간단한 방법이다. '검사 수'를 구하려면 먼저 어떤 수에서 모든 자리의 합을 구하고, 그 값이 두 자리 이상이면 다시 각 자리에 있는 수를 더하는 과정을 마지막에 단 한 자리가 남을 때까지 되풀이한다. 그렇게 해서 만들어진 마지막 한 자리 수가 '검사 수'이며, 이 수로 다양한 연산 값의 검산이 가능하다. 엄밀히 말하면 '9거법의 검사 수'라고 해야 하지만, 9거법을 주제로 이야기하는 동안엔 그냥 간략히 '검사 수'라고만 해도 '9거법의 검사 수'를 뜻한다고 미리 약속해 두자.

각 자리 수의 합으로 마술 부리기

본격적인 검산에 들어가기 전에 재미난 마술 기법을 하나 소개하려 한다. 이 마술은 어떤 수의 각 자리 수를 더한 값이 토대가된다. 대부분의 관객들은 마술에 숨은 비법을 눈치채지 못한 채끝까지 놀라움을 감추지 못할 것이며, 그에 비해 마술사가 준비해야 할 일은 상당히 간단한 편이다. 마술사 입장에서는 아주 손

쉬워서 느긋한 마술사에게 적합한 마술이라고 할 수 있다. 물론 느긋하다고 해서 게을러도 된다는 뜻은 아니다.

① 먼저 마술사는 종이 한 장을 준비해서 네 자리 수 하나를 적은 다음, 이 종이를 봉투에 넣는다. 그리고 이제부터는 관객들과 함께 마술을 진행한다.

② 마술사는 미리 적어 놓은 수가 하나씩 적힌 카드 스물일곱 장을 세 명의 관객 A, B, C에게 각각 아홉 장씩 건넨다. 마술의 핵심 기법이 여기에 있다. 모두 세 뭉치의 카드 가운데, A에게 줄 카드 아홉 장에는 다음의 수들을 적는다.

4286, 5771, 9083, 6518, 2396,
6860, 2909, 5546, 8174

B에게 줄 카드 아홉 장에는 다음의 수들이 들어간다.

5792, 6881, 7547, 3299, 7187,
6557, 7097, 5288, 6548

그리고 C에게 줄 카드 아홉 장에는 다음의 수들을 적어 준다.

2708, 5435, 6812, 7343, 1286,

$$5237, 6470, 8234, 5129$$

③ 이렇게 카드를 준비했다면 마술을 마저 진행해 보자. 관객 A, B, C에게 각자 받은 아홉 장의 카드 가운데에서 무작위로 한 장씩을 뽑으라고 한다. 예를 들어 A는 5771, B는 6548, C는 2708을 뽑았다고 하자.

④ 이번엔 관객에게 자신이 뽑은 수에 있는 네 개의 숫자 가운데 아무 숫자나 하나를 골라 말해 보라고 하자. 그리고 그 숫자를 A-B-C의 순서로 나열하자. 세 관객이 고른 숫자가 각각 7, 8, 0이라면 마술사는 그 숫자들을 한데 묶어 780이라고 적는다.

⑤ 관객에게 ④의 수를 골라내고 남은 세 개의 숫자 가운데 임의의 숫자 하나씩을 더 고르게 하고, 같은 방식으로 이를 순서대로 나열해 보자. 이번에 골라낸 숫자가 각각 1, 6, 7이라면 마술사는 167이라고 적어 둔다.

⑥ 한 번 더 이 과정을 되풀이해서 하나씩 골라낸 숫자들을 순서대로 나열한다. 마술사는 관객 A, B, C가 고른 7, 4, 2를 정리하여 742로 받아 적는다.

⑦ 아직 관객들에게는 마지막 숫자가 하나씩 남아 있다. 세 관객이 각각 5, 5, 8이라고 말하면 마술사는 이 숫자들도 순서대로 558로 적어 놓는다.

⑧ 이제 마술사는 관객 한 명을 지목해서, 지금까지 나온 네 개의 세 자리 수들을 모두 더해 보라고 한다.

$$780+167+742+558=2247$$

⑨ 덧셈 값이 나왔다면 마술사는 처음에 준비한 봉투를 열어, 그 안에 들어 있는 종이를 관객들에게 보여준다. 그 종이에는 이 덧셈 값과 똑같은 수가 적혀 있을 것이다.

마술사는 이 결과를 어떻게 미리 알 수 있었을까? 이 마술의 원리를 이해하려면 각각의 카드 뭉치에 적힌 수들을 살펴보아야 한다. 각각의 카드 뭉치에 들어 있는 아홉 장의 카드에 적힌 수들은 모든 자리의 수를 더한 값이 모두 같다. A가 받은 아홉 개의 수는 모든 자리의 합이 모두 20이며, B가 받은 수들은 23, C가 받은 수들은 17이다. 이 대목이 마술의 핵심이다. 나머지는 흥미를 돋우는 형식적인 장치에 불과하다.

위에서 무작위로 뽑은 세 자리 수 네 개의 합(2247)에서, 끝자리는 관객 C가 받은 카드에 적힌 네 자리 수가 좌우한다. C가 가진 카드의 수들은 모두 각 자리의 합이 17이다. 따라서 7은 남겨 두고 10의 자리 1은 다음으로 올려 준다. 이어서 B가 가진 카드에 적힌 수를 이루는 네 수의 합 23에 앞에서 올라온 1을 더하면 24가 된다. 마찬가지로 4는 남기고 2는 다음 자리로 올린다.

마지막으로 관객 A의 카드에 적힌 네 수의 합 20에 앞에서 올라온 2를 더하면 22가 된다. 이 결과를 정리하면 2247이 된다. 관객이 자신이 받은 카드 가운데 어느 것을 뽑아도 결과는 같으므로, 마술사는 사전에 2247을 종이에 적어 봉투에 담아 두면 되는 것이다.

아마도 관객들은 믿을 수 없다는 듯이 놀란 표정으로 마술사를 바라볼 것이다. 방법은 쉽지만 효과는 강력한, 수학으로 빚어낸 마술이다.

나머지에게 바치는 송시頌詩

이제 '검사 수'로 연산 결과를 검산하는 방법을 살펴보겠다. 앞서 설명했듯 9거법에서 '검사 수'란 어떤 수에서 각 자리의 수를 더하고 그 결과가 두 자리 이상이면 다시 각 자리의 수를 더하기를 거듭해서 나온 한 자리 수를 말한다. 기본적으로 9거법은 '어떤 수의 검사 수와 연산 값의 검사 수는 같다'는 원리에 기초하고 있다. 뒤집어 말하면, 연산 값으로 나오는 수의 검사 수가 연산하려는 수들의 검사 수를 연산한 결과와 다르다면 연산이 틀렸다는 뜻이 된다.

하지만 9거법을 통한 검산이 완벽하다고는 할 수 없다. 두 검사 수가 일치하면 연산 결과가 옳을 가능성이 높긴 해도, 백 퍼센트 옳은 결과를 보장하지는 않는다. 가끔은 틀린 값의 검사 수와 정답의 검사 수가 우연히 같아지는 경우도 있기 때문이다. 자칫하면 틀린 답을 구하고도 '검사 수'에 속아 정답인 줄 알고 넘어갈 수 있으니 주의해야 한다. 따라서 9거법을 활용한 검산이 언제 어디에서나 통하는 만능은 아니라는 점을 염두에 두자. 즉 9거법을 무작정 신뢰해서는 안 된다. 그런 의미에서 먼저 9거법으로 검산을 해도 오류가 발견되지 않는 연산을 살펴보자. 다음의 등식을 9거법으로 검산하면 어떤 결과가 나올까?

$$4298+3274=7527$$

우선 4298의 검사 수를 구하면, 4+2+9+8=23에서 다시 2+3=5이므로 5가 나온다. 그리고 3274의 검사 수는 3+2+7+4=16이고 1+6=7이므로 7이다. 따라서 두 수의 검사 수를 더한 값의 검사 수는 5+7=12이고 1+2=3이므로, 두 수를 더한 값인 7527의 검사 수도 3이어야 한다. 연산하는 두 수의 검사 수를 연산한 결과와 연산 값의 검사 수가 같아야 연산 결과가 옳기 때문이다. 확인해 보면 7+5+2+7=21이고 2+1=3으로 같다. 그래서 이 연산 결과는 옳은 것처럼 보인다. 하지만 그럼에도 이 계산은 틀렸다. 이런, 나도 모르게 속으로 '짜증난다'고 투덜거렸다. 지금의 내 감정을 좀더 부드럽게 에둘러 표현하자면, 9거법은 절대로 아카데미 주연상을 받을 수 없을 것이다. 주연은커녕 조연상도 못 받는다. 이런 식의 연기로는 사람들을 감동시킬 수 없다. 내가 '수학의 오스카 상' 심사위원이라면 9거법은 거들떠보지도 않을 것이다.

설마 했던 일이 눈앞에서 벌어지니 적잖이 실망한 분도 있을 것이다. 이 실망감을 상쇄하기 위해서라도 적절한 애도 작업이 필요할 것 같다. 비록 9거법이 의심의 여지 없이 확실한 검산 방법은 아니지만, 그래도 평균적으로는 연산 오류의 열에 아홉은 적발해 내는 편이니 너무 실망하지는 않았으면 좋겠다. '열에 아홉'이란 말이 조금이나마 위로가 되었으면 좋겠다.

실은 위안이 될 만한 사실이 하나 더 있다. 9거법은 덧셈뿐 아니라 뺄셈과 곱셈의 결과를 확인하는 데에도 활용할 수 있다는 점이다. 안타깝게도 나눗셈에는 적용할 수가 없다. 그렇다고 방법이 아주 없는 건 아니다. 9거법을 직접 나눗셈에 적용할 수는 없어도 곱셈으로 변형해서 우회하는 간접적인 방법으로 확인해 볼 수는 있다. 이렇게 우회해도 마찬가지로 그 결과가 백 퍼센트 완전하지는 않지만, 나눗셈도 검산을 할 수는 있다는 건 그나마 다행이다.

더 깊이 파헤치고 싶은 독자라면, 9거법은 대체 수의 어떤 특성을 활용한 것일까 하는 의문을 품을지도 모르겠다. 그 질문에 대한 답을 천천히 풀어가 보자. 9거법의 작동 원리는 다음의 기본 틀에 토대를 두고 있다.

$$10=9\times1+1$$
$$100=9\times11+1$$
$$1000=9\times111+1$$
$$10000=9\times1111+1$$
$$\vdots$$

이 틀의 좌우를 살펴보면 왼쪽에 있는 10의 거듭제곱수들은 그 자체로 하나의 수이고, 오른쪽은 이 수들이 모두 9의 배수에 1을 더한 값이라는 사실을 표현한 것이다. 그런데 그냥 9의 배수이기만 한 게 아니라 9로 나눈 몫의 각 자리가 모두 1이다. 물론 각 자리의 1이 가지는 의미는 모두 다르다. 맨 오른쪽의 1은 말 그대로 1이지만, 오른쪽 둘째 자리에 있는 1은 10이라는 뜻이다. 이런 식으로 오른쪽에서 왼쪽으로 갈수록 1의 크기가 10의 거듭제곱 단위로 늘어난다. 이제 실제 수를 예로 들어 위의 방식으로 풀어서 나타내 보자. 4298은 어떻게 표현해야 할까?

4298
=4×1000+2×100+9×10+8×1
=4×(9×111+1)+2×(9×11+1)+9×(9×1+1)+8
=9×(4×111+2×11+9×1)+(4+2+9+8)

이 식은 곧바로 다음과 같이 변형할 수 있다.

4298-(4+2+9+8)=9×(4×111+2×11+9×1)

여기서 질문: 이 평범한 식은 어떤 의미가 있는 걸까?

답: 어떤 수에서 그 수의 모든 자리 수를 모두 더한 값을 빼면 9의 배수가 된다.

이 결과를 간략하게 정리하면, 9거법으로 검산을 할 때 모든 자리를 더한 값이 9가 되면 그냥 버려도 상관이 없으며 심지어 반대로 모든 자리를 더한 값에 9를 더해도 결과에는 변함이 없다는 것이다. 이 원리를 활용하면 연산 시간을 대폭 줄일 수 있다.

이제 본격적으로, 검산을 손쉽게 할 수 있는 9거법을 다룰 것이다. 먼저 나눗셈을 예로 들어 9거법을 살펴보자. 앞서 말한 대로 나눗셈은 곱셈이라는 우회로를 통해야만 검산이 가능하다.

8627÷277=31 나머지 40

이해를 돕기 위해 나눗셈의 9거법을 짧게 여섯 단계로 정리해 보았다. 다들 알다시피 9거법을 하려면 주어진 수에서 모든 자리의 수를 더하기를 거듭해서 나오는 한 자리 수, 즉 검사 수가 필요하다.

① 몫 31의 검사 수는 4이다.

② 제수 277의 검사 수는 7이다.

③ 몫과 제수의 검사 수를 곱한 값 4×8=28의 검사 수를 구하면 1이다.

④ 나눗셈의 나머지 40의 검사 수는 4이다.

⑤ 몫과 제수의 곱에 나머지를 더하면 피제수와 같으므로, ③과 ④에서 나온 값을 더하면 피제수의 검사 수와 같아야 한다. 1+4=5

⑥ 8627의 검사 수는 5이다.

⑤와 ⑥의 검사 수가 같으므로, 이 나눗셈의 결과는 옳을 가능성이 매우 높다고 할 수 있다. 다만 앞서 언급했듯이 9거법을 통한 검산은 백 퍼센트 장담하기가 어렵다. 그저 정답일 확률이 아주 높은 것뿐이다.

예를 하나 더 준비했다. '수의 동물원'에서도 희귀한 녀석들만 모여 있는 구역에서 특별히 데려왔다.

IIIIIIIIXIIIIIIIII=123456789876654321

먼저 등식의 좌변부터 보자. 곱하려는 두 수는 각각 아홉 개의 1들로 만들어진 수다. 따라서 모든 자리의 수를 합하면 둘 다 9가 된다. 두 수의 검사 수를 곱하면 9×9=81이며, 이 값의 검사 수도 9이다.

이제 등식의 우변을 정리해 보자. 1부터 8까지의 수가 두 번씩 등장하며, 여기에 9 하나가 더 있다. 이들을 모두 더하려면 꼬마 가우스의 덧셈 방식을 빌려오면 된다. $2 \times \frac{8 \times 9}{2} + 9 = 81$, 따라서 오른쪽의 검사 수도 9이다.

아홉 배로 똑똑한, 특별한 수

어떤 수에 9를 곱해서 나온 수, 즉 9의 배수에서는 검사 수가 반드시 9가 된다. 궁금하다면 직접 연산을 해 보자. 이런 수로 확인해 보면 어떨까?

$$101123595505617977752808988764044943820224719 \times 9 = ?$$

가능하면 아주 빠르게 곱셈을 해 보자. 아니면 '프레치피테볼리시메볼멘테Precipitevolissimevolmente'하게! 이 말은 이탈리아어에서 가장 긴 단어 중 하나로 '신속히', '빠르게'라는 뜻이라고 한다. 나는 여러분을 믿는다. 분명 신속하게 계산할 수 있을 것이다. 그래서 1초 만에 답이 나왔는가? 지금 뭔가 잘못 읽었나 의심하는 분도 있을 것이다. 이렇게 긴 계산을 1초 만에 풀라니, 이게 다 무슨 말일까?

자, 그럼 이 어마어마한 괴물을 9로 곱해 보자. 괴물의 맨 끝에 있는 9를 떼어내서, 맨 앞에 가져다놓으면 곱셈은 끝난다. 이렇게 간단하리라고 누가 생각이나 했겠는가? 그런데 누군가는 이 생각을 처음으로 해냈을 것이다. 그 덕분에 우리가 이처럼 간단한 결과를 순식간에 얻게 되었으니 말이다. '수의 우주'에서 이 괴물처럼 자리 하나만 바꾸어 9와의 곱셈이 단숨에 끝나 버리는 경우는 더 없다. 저 괴물이 특별하고 유일한 셈이다.

연산 값이 나왔으니, 이제 이 결과를 가지고 검사 수를 찾아보자. 앞서 말했듯이 9가 나올 것이다.

'쌍둥이 소수', 그들에게는 뭔가 특별한 것이…

그렇다, 그들에게는 뭔가가 있다. 1과 그 자신 이외의 자연수로는 나눌 수 없는 수를 소수素數라고 하는데, 소수는 무한히 많다. 소수가 얼마나 무한하고 많은지는 명확히 밝혀지지 않았다. 소수에 관해 대부분의 사람들이 알고 있는 사실은 여기까지가 전부다. 지금부터 하려는 이야기에는 그런 일반적인 이해를 넘어선 새로운 내용이 담겨 있다. 여러분에게도 새롭고 특별한 이야기이기를 바란다.

나란히 이웃한 두 소수의 차가 2일 때, 두 소수를 쌍둥이 소수 $(p, p+2)$라고 하는데, 이들을 곱한 값의 검사 수는 언제나 8이 나온다. 다만, 소수 3과 5는 여기에 해당되지 않는다.

그 이유는 무엇일까? 상상력을 동원해서 추측을 해 보자. 아래 설명을 곱씹어보면 도움이 될 것이다. 두 쌍둥이 소수를 p와 $p+2$라고 할 때, 이들 사이에 낀 $p+1$은 2로도 나누어떨어지고 3으로도 나누어떨어지는 수이다. 소수는 모두 홀수이니 $p+1$이 짝수임은 자명하다. 또 세 수가 연달아 있을 때 그 중 하나는 반드시 3의 배수이다. 자연수를 일렬로 늘어놓으면 세번째 수마다 3의 배수가 되기 때문이다. 소수는 3의 배수일 수도 없으므로 연달아 있는 세 수 가운데 반드시 하나는 있어야 할 3의 배수는 $p+1$일 수밖에 없다. 따라서 $p+1$은 $2 \times 3 = 6$의 배수이기도 하므로, 쌍둥이 p와 $p+2$를 $6k \pm 1$로 나타낼 수 있다. 이제 두 수를 곱하면 $36k^2 - 1$이고 $36k^2$이 9로 나누어떨어지므로 검사 수는 $9 - 1 = 8$이다.

쌍둥이 소수의 이런 특징을 활용해 다음의 곱셈 값을 확인할 수 있다. 나란히 이웃한 쌍둥이 소수들의 곱셈이다. 앞에서 소개했던 방법을 이용해 이들을 먼저 계산해 보고, 검사 수를 이용해 그 값이 맞는지 검산을 해 보자. 즉 곱셈 값의 검사 수가 8이 되는지 살펴보면 된다.

$$29 \times 31 = ?$$
$$41 \times 43 = ?$$
$$107 \times 109 = ?$$
$$197 \times 199 = ?$$
$$857 \times 859 = ?$$

여기에 소개한 쌍둥이 소수의 법칙은 소수 3과 그 짝 5에는 해당되지 않기 때문에, 보기에 그리 아름답지는 않다. 어떤 법칙에 예외가 따라붙으면 감점 요소가 될 수 있기 때문이다. 이 법칙의 문장 표현을 아래와 같이 살짝 바꾸면 좀 덜 거슬리지 않을까 싶다.

연속하는 두 홀수가 모두 소수라면, 두 수를 곱한 값의 각 자리의 합이 8이거나 두 수를 더한 값의 각 자리의 합이 8이다.

소수 3과 5를 위해 문장에 살을 조금 붙였지만, 나는 이 문장이 썩 내키지는 않는다. 여전히 놀라운 사실이 담겨 있기는 해도,

그래 봤자 땜질을 해서 만든 문장이기 때문이다. 하지만 여러분이라도 이 문장이 마음에 들었으면 좋겠다.

이 외에도 9거법과 관련된 법칙은 더 있다. 쌍둥이 소수 법칙에 비하면 놀라움이 덜하지만, 그래도 알아 두면 꽤나 유용할 것이다.

어떤 수에서 각 자리에 있는 수를 임의로 재배열해서 새로운 수를 만든 다음, 이 수를 원래 수에서 빼 준 값은 언제나 9로 나누어떨어진다.

원래의 수와 새롭게 만들어진 수의 검사 수는 같다. 그저 같은 수들을 자리의 순서만 다르게 배열한 것이기 때문이다. 따라서 두 수의 검사 수로 뺄셈을 하면 그 결과는 언제나 0이 된다. 검사 수가 0이나 9가 된다는 것은 9로 나누어떨어진다는 뜻이다. 즉 원래의 수에 새로 만들어진 수를 뺀 값 또한 9로 나누어떨어진다는 것을 알 수 있다. 앞서 나눗셈을 할 때 배웠던 '어떤 수가 9로 나누어떨어지려면 각 자리 수의 합이 9여야 한다'는 규칙을 떠올려 보자.

9의 놀라운 능력을 조금 더 알아보기 위해 1089라는 수를 준비했다. 1089에는 특별한 재능이 있다. 앞에서 소개했던 마술을 기억하는가. 100의 자리와 1의 자리의 차이가 2 이상인 세 자리 수 하나를 골라, 이를 거꾸로 뒤집은 다음 큰 수에서 작은 수를 빼 보자. 그리고 여기에서 나온 수를 다시 뒤집은 뒤에 서로 더한다. 그 합은 언제나 1089였다. 이 외에도 1089로 할 수 있는 일은 다양하다.

여기서는 1089를 친구 삼아, '인형놀이'를 해 볼까 한다. 숫자들이 춤을 추게도 할 생각이다. 가상의 대상과 하는 인형놀이이니 혼잣말이 난무해도 이해해 주길 바란다. 그럼 1089와 함께하는 인형놀이가 어떻게 진행되는지 한번 살펴보자.

① 먼저 세 자리 수 하나를 떠올려 보자. 그리고 그 수를 1089와 곱해 보자. 몇 자리의 수가 나왔는지 물어 봐도 될까? 자릿수를 세는 소리가 들린다. 2, 4, 6…. 아하, 여섯 자리가 나왔나 보다.

② 이제 그 여섯 자리 가운데 아무 수나 하나를 고른 뒤에 나머지 다섯 개의 숫자를 무작위로 배열해서 새로운 수를 만들어 보자. 그러면 골라낸 수가 뭐였는지 맞힐 수 있다. 새로 만든 수가 92591이라고? 그렇다면 1이 빠졌다. 당연히 1일 수밖에 없다.

고개를 갸웃거리는 독자들이 분명히 있을 것이다. 풀이를 해 보겠다. 어떤 수가 9로 나누어떨어지면, 그 수의 모든 자리의 합도 9로 나누어떨어진다. 1089가 바로 그런 수에 해당된다. 1089와 같은 9의 배수에 어떤 임의의 수를 곱해도 그 값은 언제나 9

의 배수이며, 9로 나누어떨어진다. 따라서 곱셈 값의 모든 자리를 더한 값 또한 9로 나누어떨어지는 것이다.

위에서 내가 빼놓은 수 하나를 마술사처럼 찾아낸 것도 이 원리를 충실히 따른 결과였다. 곱셈 값의 여섯 자리 가운데 다섯 개만 더한 값이 나와 있으니 어떤 수 하나를 더해야 9의 배수가 될지 재빨리 계산을 한 것이다. 9+2+5+9+1=26이므로, 9의 배수인 27이 되려면 1을 더해야 한다. 따라서 여섯 자리 중 덧셈에서 제외한 수 하나는 1인 것이다.

그렇다면 처음에 1089와 곱한 세 자리 수는 무엇이었을까? 471이다. 471×1089=512919에서 1 하나를 골라낸 것이다. 1089로 이런 재주도 부릴 수 있다.

탄소 동위 원소 없이 연대 측정하기

주변에 아무나 붙잡고 세 자리 수를 하나 써 보라고 하자. 그런 다음 그 수의 각 자리에 있는 숫자를 마음대로 배열해서 새로운 수 하나를 만들어 보게 하자. 그리고 둘 중 큰 수에서 작은 수를 뺀 다음, 거기에 그 사람의 나이를 더하라고 해 보자. 그렇게 해서 나온 결과가 375라고 한다면, 우리는 이 수로 그 사람의 나이를 추정해 볼 수 있다.

우선 이렇게 계산한 값의 검사 수를 확인한다. 3+7+5=15이고 1+5=6이므로, 375의 검사 수는 6이다. 이 수에 계속 9를 더해보면서 상대방의 나이에 가장 근접한 수를 어림해 보자. 15? 24? 33? 42? 51? 60? 69? 78?

여기에서 가장 중요한 기술은 바로 상대방의 연령대를 십년 단위로 정확하게 추측하는 일이다. 필요하다면 시력의 도움을 받아야 한다. 상대가 이십대인지 삼십대인지 정도는 구분할 수 있어야 정확한 나이를 맞힐 수 있다.

9의 마법

진행 방법: 마술사와 관객 한 명이 마주 앉아, 서로 번갈아 가며 다섯 자리 수를 외친다. 관객이 먼저 첫번째 수를 말하고 나면, 마술사는 앞으로 두 사람이 나열할 모든 수들의 합을 미리 정확히 알아맞힌다. 그럼 이 마술이 구체적으로 어떻게 진행되는지, 관객과 마술사의 대화를 통해 살펴보자.

마술사: 아무렇게나 떠올린 다섯 자리 수 하나를 말해 보세요.
관객: 27359.
마술사: 지금부터 당신과 내가 번갈아 가며 다섯 자리 수 세

개씩을 말하면, 방금 말한 수까지 포함해서 일곱 개의
수를 모두 더한 값은 327356이 될 겁니다.

관객: 정말 그럴까요? 흥미진진한데요. 이번엔 62175를 골랐
어요.

마술사: 그러면 저는 37824요.

관객: 좋아요. 그렇다면 저는 83261요.

마술사: 문제없죠. 16728.

관객: 46815.

마술사: 53184.

이렇게 해서 모두 일곱 개의 수가 나왔다. 계산기로 이들을 모
두 더해 보자.

$$27359+62175+37824+83261+16728+46815+53184$$
$$=327356$$

빙고! 관객이 첫 수를 말하자마자 마술사가 예언했던 바로 그
수가 나왔다. 어떻게 이런 일이 가능한 걸까?

이 마술에는 특별한 속임수나 기술이 필요없다. 마술사가 관
객의 심리를 파악하기 위해 애쓸 필요도 없다. 아주 약간의 노력
말고는 딱히 대단한 기술을 쓸 필요도 없고, 관객이 부르는 수에

따라 대꾸할 수를 찾아 이리저리 고민하지 않아도 된다. 이 마술에 숨겨진 간단한 비법을 알아보자.

① 우선 마술사는 첫 자리가 3인 여섯 자리 수를 만든다. 그 다음 두 자리는 관객이 고른 첫번째 수의 첫 두 자리로 채운다. 위에서 관객이 27359라고 말했으므로 327□□□이 되는 것이다. 마지막 세 자리는 이 수의 마지막 세 자리에서 3을 뺀 값을 넣으면 된다. 359-3=356을 빈칸에 넣어 붙여 주면 327356이다.

② 이제 남은 과제는 딱 하나다. 관객이 수를 고를 때마다 마술사는 어떤 수로 대꾸해야 할까? 이 작업은 생각보다 더 간단하다. 마술사는 관객이 부른 수와 더해서 99999가 되는 다섯 자리 수를 외치면 된다. 다시 말해 관객과 마술사가 고른 수에서 같은 자리에 있는 두 수의 합이 9가 되도록 하는 것이 이 마술의 비법이다.

아기자기한 마술을 하나 배웠으니, 다시 두뇌를 부지런히 움직일 시간이 되었다. 다음의 연습 문제로 지금껏 살펴본 9거법을 점검해 보자. 다음 페이지에 놓인 아홉 개의 등식들 가운데 틀린 식이 하나 있다. 어떤 등식이 틀렸을까?

$$9 \times 9 + 7 = 88$$
$$98 \times 9 + 6 = 888$$
$$987 \times 9 + 5 = 8888$$
$$9876 \times 9 + 4 = 88888$$
$$98765 \times 9 + 3 = 888888$$
$$987654 \times 9 + 2 = 8888888$$
$$9876543 \times 9 + 1 = 88888888$$
$$98765432 \times 9 + 0 = 888888888$$
$$987654321 \times 9 + 1 = 8888888888$$

이 숫자 피라미드를 9거법으로 검산하다 보면, 맨 마지막 등식이 잘못되었다는 사실이 드러난다. 검산을 하지 않더라도 피라미드의 진행 과정이 마지막 줄에서 이상해졌다는 것을 발견할 것이다. 7에서 0까지 1씩 작아진 추세를 이어가자면 마지막 등식에는 1이 아니라 -1이 들어가야 한다고 짐작할 수 있다. 실제로도 -1로 바꿔서 9거법으로 검산을 해보면 틀림이 없으며, 비로소 마지막 등식까지 모두 성립하는 피라미드가 완성된다.

이번 주제를 천천히 그리고 아름답게 마무리하기 위해 특별히 별미를 하나 준비했다. 지금까지 우리는 어떤 수에서 모든 자리를 더한 값에 집중했다. 각 자리의 수를 더한 합은 수학적으로도 매우 흥미로운 분야이다. 그래서인지 누군가는 이 주제에

온 에너지를 쏟아부으며, 수의 무더기에서 한바탕 거창한 놀이를 벌이기도 했다. 그는 영국의 수학자 에드워드 만 랭글리Edward Mann Langley로, 1896년에 컴퓨터나 다른 계산 도구의 도움도 없이 거대한 연산 값들에서 각 자리의 합을 산출해냈다. 그 결과 그가 밝혀낸 사실은 다음과 같다.

2739726을 1, 2, …, 72로 곱한 값들은 모두 각 자리를 더한 값이 36이 된다. 즉 이 72개의 곱셈 값은 검사 수가 모두 9이다.

시간이 나면 2739726을 1부터 72까지 각각 곱해 보고, 모든 결과의 각 자리를 더한 값과 검사 수를 확인해 봐도 좋을 것이다. 놀랍게도 이 수에 73을 곱하면 이 법칙이 더 이상 통하지 않는다.

이것으로 9거법을 마무리짓는다. 이제 아홉이 아닌 그 너머의 세계가 기다리고 있다.

11거법

11거법 라이브

11거법은 우리들의 조커다. 11거법을 활용하면 검산을 좀더 확실하게 할 수 있으며, 연산 과정에서 발생한 몇몇 오류들을 잡아낼 수도 있다. 말하자면 추가적인 안전장치인 셈이다. 진행 방식은 9거법과 비슷하다. 다만 9거법처럼 각 자리의 수를 모두 더하는 방식이 아니라, 각 자리의 수에 덧셈과 뺄셈 부호를 번갈아 붙이며 계산을 해야 한다. 그럼 소매를 걷어붙이고 본격적으로 11거법에 빠져 보자.

덧셈과 뺄셈을 번갈아 연산하는 방식은 이전에도 몇 번 다루었기 때문에, 이제 다들 익숙해졌으리라 기대한다. 직접 연산을 해 보자. 4298의 각 자리의 수를 덧셈과 뺄셈을 번갈아 연산하면, 8-9+2-4=-3이 된다. 맨 끝 1의 자리부터 앞에 덧셈과 뺄셈 기호를 교대로 붙인다고 생각하면 이해가 훨씬 빠를 것이다. 이 연산으로 도출된 값은 '11거법의 검사 수'가 된다.

11거법의 검사 수는 다음의 원리에서 비롯되었다.

$$1=11\times0+1$$
$$10=11\times1-1$$
$$100=11\times9+1$$
$$1000=11\times91-1$$
$$\vdots$$

4298을 위의 형식으로 풀어서 정리하면 아래와 같이 나타낼 수 있다.

$$4298-(8-9+2-4)=11\times(4\times91+2\times9+9\times1)$$

이 식에 담긴 뜻은 간단명료하다. 즉 어떤 수에서 '(11거법의) 검사 수'를 빼 주면, 언제나 11로 나누어떨어진다는 것이다.

11거법은 덧셈과 뺄셈의 교호 연산을 통해 오류를 찾아낼 수 있다는 특징이 있다. 9거법으로 한 번 검산을 하고 나서 다시 11거법으로 점검하면, 혹시나 검산을 하면서도 지나쳤을 실수를 발견하고 걸러낼 수도 있다. 따라서 두 검산 방법을 모두 활용하면 연산 값이 틀리는 경우는 거의 없을 것이다. 두 검산을 모두 통과했다면 연산 값의 아흔아홉 가운데 아흔여덟은 정답이라고 할 수 있다. 이 정도의 확률이면 흔히 '백 퍼센트에 거의 근접한다'고들 말한다.

연습 문제 두 개를 마련했다. 11거법을 사용해서 검산해 보자.

$$9306 \times 2013 = 3102 \times 6039$$

두 번째 문제는 놀랍고도 신기한 연산이다. 이 문제를 풀면서 짜릿한 희열을 맛보기 바란다. 연산 값이 모두 둥글둥글한 데다 0이 열여덟 개나 붙은 10의 거듭제곱이 가진 엄청난 위력에, 보고도 믿기지 않을 수도 있다.

$$262144 \times 3814697265625 = 1000000000000000000$$

가능하면 위의 두 문제 모두, 9거법으로도 11거법으로도 검산해 보기를 바란다. 혹시라도 오류가 있는지 꼼꼼하게 확인해 보는 것이다.

이번 주제는 여기까지다. 잠시 걸음을 멈추고 그동안 걸어온 길을 차분히 돌아보면 어떨까. 다음 주제로 넘어가기 전에 마음을 가다듬으며 편안히 쉬기를 바란다. 충분히 쉬었다면 무대를 옮겨 보자!

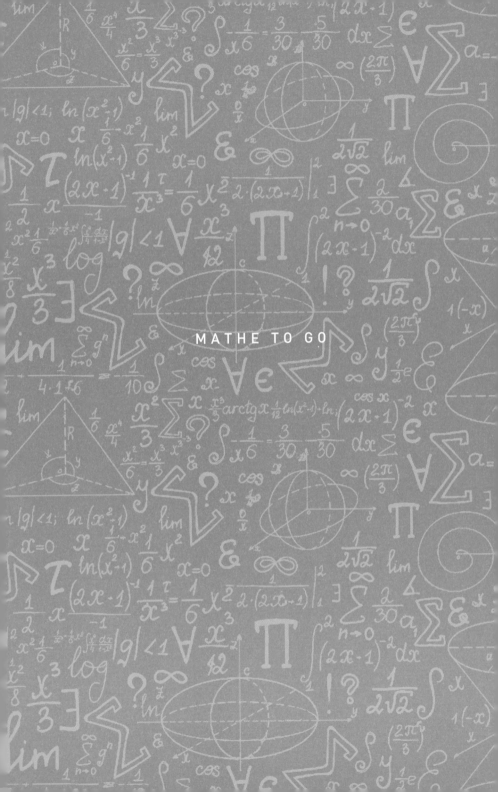

MATHE TO GO

Chapter 5

거듭제곱의
뿌리 캐기

230쪽이 넘게 달려 왔지만, 나는 지금 모든 걸 다시 시작하는 마음이다. 여태까지는 수학에서 가장 기본적인 연산을 다루었기 때문에, 지금부터가 진짜 시작인 셈이다. 거듭제곱근을 구하는 일은 기본 연산에 속하지 않는다. 거듭제곱근은 더 깊고 넓은 수학적 세계를 다루고 있다. 이제 거듭제곱근이라는 엄청난 주제로 이 책의 새로운 막을 열어 볼까 한다.

'근' 또는 '제곱근'이라는 말만 들어도 고통스러운 사람들이 있을 것이다. 거듭제곱근(간단히 줄여서 '근')을 구하는 작업은 그리 쉬운 일이 아니다. 하지만 근을 구하다 보면 의외로 감각적이고 아름다운 면을 발견하게 될 것이다. 머지않아 여러분도 근의 놀라움을 경험하게 될 테니 기대해도 좋다. 하지만 여기저기에서 불쾌하고 달갑지 않은 상황들이 벌어지는 바람에 여러분의 정신을 해친다면, 그건 전적으로 저자의 책임이다. 그런 일이 일어나지 않기를 바라며, 함께 근의 세계로 들어가 보자.

정수 제곱근 구하기

— Section 1 —

이제 시작이다. 우리는 다시 길 위에 올랐다. 좀더 높은 암산의 경지에 오르기 위해 출발선에 선 것이다. 지금까지 다룬 암산들은 주로 곱셈을 빠르게 할 수 있는 다양한 기법들에 집중되어 있었다. 하지만 지금부터는 오직 거듭제곱근이라는 주제에만 몰두하기로 하자. 예전에도 '근을 구한다'는 말을 자주 들어보았을 것이다. 이 말을 뒤집으면 '거듭제곱을 한다'는 뜻이다. 더 정확하게는 그냥 '근을 구한다'기보다 '거듭제곱의 뿌리(근)를 찾는다'고 표현하면 이해가 한결 쉬울 것이다.

양의 정수 W를 두 번 곱해서(제곱해서) 나오는 수를 Z라고 할 때, 두 수의 관계를 식으로 옮기면 W×W=Z가 된다. 이때 Z는 '제곱수'이며, W를 'Z의 제곱근'이라 한다. 예를 들어 제곱수 Z=9일 때, 그 제곱근 W=3이 된다.

제곱근과 제곱수의 관계식을 확장하면 W×W=9에서 -3도 W가 될 수 있다. (-3)×(-3)=9이기 때문이다. 하지만 통상 수학에서 제곱수와 관련해서 말할 때의 제곱근은 양의 정수를 뜻하기 때문에(몇 줄 위에 소개한 '제곱수'의 정의를 다시 확인하시라), 기본적으로는 양의 제곱근만 구하면 된다.

어떤 수의 제곱근이 자연수로 딱 떨어지는 경우는 아주 특별하다. 그리스의 수학자 테아이테토스Theaitetos는 일찍이 기원전 380년경에, 자연수의 모든 제곱근이 정수가 아니면 무리수라는 사실을 밝혀냈다. 무리수란 두 정수의 비율로 나타낼 수 없는 수, 즉 분수 형식으로 표현할 수 없는 수를 말한다. 이들은 소수점 아래로 끝없는 숫자열이 무한히 이어지는데, 순환하지도 않는다. 그래서 무리수는 순환하지 않는 무한소수라고 말할 수도 있다.

숨을 두 번 들이쉬면서, 제곱근 구하기

이 책에서 우리는 무려 다섯 자리까지의 제곱수를 다루면서, 엄청나게 빠른 속도로 가볍게 제곱근을 구하게 될 것이다. 이 주제를 마무리할 때쯤이면 군더더기 하나 없이 말끔하게 제곱근을 뽑아낼 것이며, 그렇게 나온 제곱근은 기껏해야 세 자리 수 정도

일 것이다. 근을 구하는 모든 과정이 숨을 두 번 내뱉기도 전에 끝나 버릴 것이다. 과장이 아니다.

이제 제곱수 Q의 제곱근 W를 찾아보자.

① 제곱수 Q의 끝 두 자리를 지운다. 즉 제곱수의 1의 자리와 10의 자리를 지우는 것이다. 그렇게 새로 생겨난 수를 Z라고 하자. 그리고 제곱해서 Z보다 작거나 Z와 같아질 수 있는 가장 큰 수 G를 찾는다. 이렇게 찾은 G가 우리가 찾으려는 제곱근 W의 앞자리 수가 된다.

② 이제 Q의 1의 자리에 주목하자. 제곱수의 1의 자리를 E라고 할 때, E는 제곱근의 마지막 자리 L을 얻을 수 있는 중요한 단서이다. 위에서 찾은 G에 L을 붙이기만 하면 제곱근을 구하는 작업은 거의 끝이 난다. E와 L의 관계는 다음과 같다.

E	L
0	0
1	1 또는 9
4	2 또는 8
5	5
6	4 또는 6
9	3 또는 7

이런 관계가 성립하는 이유는 무엇일까? L=0부터 L=9까지의 수들을 제곱한다고 생각해 보자. L은 우리가 구하려는 제곱근 W

의 끝자리라는 걸 염두에 두고, 끝자리가 0~9인 수들을 차례로 제곱해 보면 쉽게 추론할 수 있다. 끝자리가 0이나 5인 수는 제곱을 해도 끝자리가 그대로이며, 그 외에는 각각 두 가지씩의 가능성이 있다. 끝자리가 1이나 9인 수를 제곱하면 끝자리가 1이 되고, 끝자리가 2 또는 8인 수는 제곱하면 끝자리가 4가 된다. 그리고 끝자리가 4나 6인 수를 제곱하면 끝자리가 6이 된다. 마지막으로 끝자리가 3 또는 7인 수를 제곱하면 끝자리가 9이다. 만일 어떤 수의 끝자리가 3이나 7 또는 8이면 그 수는 제곱수가 아니다.

따라서 제곱수 Q의 1의 자리인 E를 통해 제곱근의 1의 자리인 L을 찾아낼 수 있는 것이다. E가 0이나 5일 때를 제외하면 L은 각각 두 가지씩이 가능하다. 두 가능성 가운데 더 적절한 쪽을 고르려면 좀더 세심한 기술이 필요하다. ①에서 구한 G에 $G+1$을 곱한 값 $G \times (G+1)$이 Z의 앞부분보다 크다면, L의 두 가능성 가운데 더 작은 수를 선택하면 된다. 반대로 $G \times (G+1)$이 Z의 앞부분보다 크지 않다면, 둘 중에서 더 큰 수가 L이다.

지우기, 조정하기, 곱하기

글로만 설명하려니 무척 추상적으로 들린다. 별로 복잡하지 않은 내용인데도 왠지 더 어렵게 느껴질지도 모르겠다. 실제 수를 가지고 풀어 보면 확실히 빠르게 이해될 것이다. 다른 연산들과 마찬가지로 직접 몸으로 부딪쳐야 더 재미있고 쉽게 풀린다. 제곱수 841을 예로 들어 보자.

① 위에서 소개한 방법에 따라, 먼저 841의 끝 두 자리를 지우면 8이 남는다. 다음으로는 제곱해서 8을 넘기지 않는 가장 큰 수를 찾아보자. 4=2×2이고, 9=3×3이므로, 제곱해서 4를 만들 수 있는 2가 바로 G이다. 이렇게 단숨에 841의 제곱근 앞자리를 구했다. 2가 바로 그 주인공이다.

② 다음 단계에서는 E와 L의 목록을 활용한다. 841의 마지막 자리가 1이므로, 목록에서 'E=1이면, L=1 또는 L=9'을 적용할 수 있다. 즉 제곱근의 끝자리가 1 또는 9라는 뜻이다. 둘 중 어느 쪽일지를 알려면 G×(G+1), 즉 2×3=6을 살펴보아야 한다. G×(G+1)이 제곱수의 마지막 두 자리를 지워 만든 수 Z=8보다 작으므로, 1과 9 가운데 더 큰 수인 9를 제곱근의 마지막 자리에 놓는다. 이로써 답이 나와버렸다. ①에서 구한 G=2와 ②에서 구한 L=9를 정리하면 29이고, 이 수가 841의 제곱근이다. 정말 그런지 앞에서 익힌 곱셈 기법을 활용해 빠르게 계산해 보자. 29×29=841이 나올 것이다.

이번엔 자릿수를 늘려서 제곱수 3844로 한 번 더 해보자. 이 제곱수의 제곱근도 두 자리 수일 것이다.

① 3844에서 끝 두 자리를 지우면 38이 남는다. 제곱해서 38을 넘기지 않는 가장 큰 수는 6×6=36이므로, 제곱근의 10의 자리는 6이 된다.

② 3844의 끝자리는 4로 끝나므로, 제곱근의 끝자리는 2 또는 8이 되는데, 6×7=42가 38보다 큰 수이므로 더 작은 수인 2가 제곱근의 1의 자리에 오게 된다. 따라서 제곱수 3844의 제곱근은 62이다.

마지막으로 다섯 자리 제곱수의 제곱근을 구해 보자. 이번에는 19321이다.

① 먼저 끝 두 자리를 지우면 193이고, 13×13=169이고 14×14=196이므로 제곱근의 앞 부분은 13이다.

② 19321의 끝자리가 1이므로 제곱근의 끝자리는 1 또는 9가 가능한데, 13×14=182이고 193보다 작으므로 더 큰 수 5가 제곱근의 1의 자리다. 따라서 19321의 제곱근은 139이다.

스스로 한번 풀어 보고 싶은가?

그럴 줄 알고 여러분들을 위해 연습 문제를 준비했다. 여기 세 개의 제곱수들이 있다. 이들의 뿌리(근)를 혼자 힘으로 캐내 보자.

961, 5929, 13225

정수가 아닌 제곱근 구하기

여기까지는 제법 무난했다. 제곱근들이 상대적으로 쉽게 구해졌으며, 적어도 간단한 방법이 통하기는 했다. 지금까지 우리가 찾은 제곱근들은 모두 정수였기 때문에 연산을 통해 값을 구할 수 있었다. 하지만 제곱근을 이루는 수가 소수점 아래로 끝없이 이어지는 데다 순환하지도 않는다면 상황은 달라진다. 그럴 땐 소수점 아래 일정한 자리의 범위 안에서 그나마 근에 가장 가까운 수를 구해야 한다. 다른 방법은 없으므로 그 정도에서 만족해야 한다. 그럼 어떻게 해야 신속하고도 우아하게 근의 근삿값을 구할 수 있을까? 지금부터 그 방법을 알아보겠다.

이 과정을 위해서는 우리가 기존에 알고 있던 정수의 제곱수들이 필요하다. 즉 여러분의 머릿속에 들어 있는 100까지의 제곱수를 활용해야 한다. 고작 열 개쯤이니 그 정도는 다들 외우고 있지 않은가? 그리 무리한 요구는 아니리라 믿는다.

나쁘지 않다!

몸 풀기 문제로 23의 제곱근을 계산해 보자.

① 제곱근을 구하려는 수 Z=23이라고 할 때, 먼저 Z를 넘지 않는 가장 큰 제곱수를 찾아야 한다. 단번에 16=4×4가 떠올랐을 것이다. 여기에서 구한 4는 제곱근의 앞 부분이 되는데, 23의 제곱근은 딱 떨어지지 않으므로 4 뒤에는 소수점이 찍힌다. 더 수월한 연산을 위해 제곱근의 정수 부분을 W라 하면, W=4이다.

② 제곱근의 정수 부분을 구했으니 다음 단계에서는 소수점 이하의 값을 다루어야 한다. 제곱근의 소수 부분을 e라고 한다면, 우리가 구하려는 온전한 제곱근은 W+e라 할 수 있다. 여기까지의 초반 작업을 식으로 정리하면 다음과 같다.

$$Z=(W+e)×(W+e)=(W×W)+(2×W×e)+(e×e)$$

소수 부분인 e는 1보다 작으므로 e×e는 e보다도 작은 값일 테고, 어차피 근삿값을 구하려는 것이므로 일단 무시하고 앞의 덧셈만 생각해도 무방할 것이다. 그러면 제곱수 Z는 W×W보다 대략 2×W×e만큼 크다고 할 수 있다. 어림값 계산을 더 빠르게 하기 위해, e로 가능한 소수를 세 가지로 한정해 보자. 즉 0.25와 0.5 그리고 0.75 가운데 하나라고 어림하는 것이다. 만일 e=0.25라면 2×W×e 는 W의 절반이 되고, e=0.5 이면 2×W×e는 W와 같은 값일 것이다. 그리고 e=0.75라면 2×W×e는 W의 1.5배가 된다. 여기까지 정리되었다면 이제 세 가지 경우를 모두 고려해서 각각 덧셈을 해보면 된다. 먼저 W×W에 W의 절반을 더해 보고, 그 다음에는 W 값을 더하고, 마지막으로 W의 1.5배를 더해 본다. 그리고 세 덧셈 결과 가운데 어떤 값이 Z에 가까운지 확인하면 된다.

③ 이렇게 찾은 소수 부분 e를 맨 마지막 단계에서 W와 더해 준다. 그러면 제곱근의 근삿값이 만들어진다.

이 방법은 실용적으로 제곱근을 구하는 데 꽤나 유용한 편이다. 물론 이 결과는 근삿값이기 때문에 더 정확한 값을 원하는 이들은 아쉬움을 느낄 수 있겠지만, 그래도 이 정도가 어딘가. 이 과정을 구체적으로 적용해 보자. Z=23일 때 W=4이므로, W×W+2×W×e에서 W×W=16에 W의 절반인 $\frac{4}{2}$=2를 더해 보고, W=4를 더해 보고, W의 1.5배인 $\frac{3}{2}$×4=6을 더해 보면, 각각 18, 20, 22라는 값을 얻을 수 있다. 이 가운데 Z=23에 가장 가까운 수는 22이므로, 소수 부분인 e는 세 가지 가능성 가운데 0.75에 가장 가깝다고 할 수 있다. 따라서 W+e=4.75로 어림잡을 수 있으며, 이것이 우리가 구하려는 근의 근삿값이다. 실제로 23의 제곱근을 소수점 아래 세 자리로 나타내면 4.795이니, 근삿값의 오차가 1퍼센트도 안 된다. 이 정도면 나쁘지 않은 결과인 셈이다.

혼자서 한번 풀어 보고 싶다면, 다음 수들의 제곱근을 구해 보자.

$$85, \ 56, \ 77$$

근의 꼭대기까지 올라가기

이번에 소개할 계산법은 스미르나의 테온Theon of Smyrna으로부터 유래했다. 그는 아주 오래 전에 세상을 떠났지만, 그가 고안한 연산 방법은 상당히 기발해서 오늘날까지도 꽤나 유용하게 활용되고 있다. 140년대 무렵 테온은 임의의 정수들에 적용할 수 있는 연산 방법을 연구했는데, 그가 제안한 대로 '차근차근 한 단계씩' 따라가다 보면 제곱근을 구하는 또다른 방법을 터득하게 될 것이다.

이제 테온의 방식으로 2의 제곱근을 구해 보도록 하자. 테온은 $\frac{n}{m}$꼴의 분수식이 마음에 들었나 보다.

분수 $\frac{n}{m}$이 $\sqrt{2}=1.4142\cdots$의 근삿값이라고 한다면, 분수 $\frac{n+2m}{n+m}$은 근에 더욱 가까운 근삿값이 된다. 다시 말해 정확한 근의 값은 두 분수 사이에 놓여 있다는 뜻이다. 물론 이것만으로는 아직 부족하다. 더 정확한 근을 구하려면 같은 방식으로 분수의 분모와 분자를 바꾸면서 새로운 분수를 만들어 나가면 된다. 분수를 계속 변형시켜서 더 나은 값을 찾아 나가는 것이다. 포위하듯이 근의 범위를 점점 좁혀가는 셈이다. 테온의 이 기법은 한 단계씩 나아갈 때마다 더 정확한 어림값을 구할 수 있다는 장점이 있다. 즉 한 방향만 보고 내리 파내려 가면 되는 것이다.

먼저 $n=1$ 그리고 $m=1$인 분수로 시작해 보자. 그러면 $\frac{n}{m}=\frac{1}{1}=1$이 되고 여기에서 한 단계 더 나아가면 $\frac{n+2m}{n+m}=\frac{3}{2}=1.5$가 된다. 첫 분수보다 두번째 분수가 2의 제곱근인 $\sqrt{2}=1.4142\cdots$에 더 가까워졌다. 다시 $n=3$, $n=2$로 놓으면 $\frac{n+2m}{n+m}=\frac{7}{5}=1.4$이고, 이 과정을 거듭하면 근에 더욱 가까워지기는 하지만, 더 멀어지지는 않는다. 정말 그런지 눈으로 확인해 보자. $n=m=1$에서 시작해서, 새롭게 만들어지는 어림값들을 정리하면 다음과 같은 표가 나온다.

m	n
1	1
2	3
5	7
12	17
29	41
70	99
169	239
⋮	⋮

이 표는 수학자들 사이에서 '테온의 사다리'라 불린다. 사다리의 일곱째 칸으로 분수를 만들면 $\frac{239}{169}$=1.414201…이라는 값이 나온다. 이 비상한 사다리는 테온의 노고가 묻어나는 연산 기법이기에 그의 이름이 붙여지기까지 했지만, 어떤 학자들은 이와 유사한 연산 방식이 이미 고대 바빌로니아 때부터 존재했다고 주장한다. 심지어 테온의 사다리보다 더 확장된 형식이 있었다는 것이다. 누군가의 주장에 따르면, 아르키메데스Archimedes도 기원전 3세기 무렵에 이런 연산 방식을 사용해서 3의 제곱근에 가까운 값을 찾으려 했으며 π의 근삿값을 구하는 데에도 이 방식을 활용했다고 한다. 하지만 확인된 아르키메데스의 연산 결과는 아래 값에서 더 나아가지 못하는 정도에 머물러 있었다.

$$\frac{265}{153} < \sqrt{3} < \frac{1351}{780}$$

이와는 달리 테온의 사다리는 쉽고 간단하게 체계화할 수 있으며, 이를 통해 점점 더 정확한 값에 근접할 수 있다. 다시 말해 앞에 있는 분수의 분자와 분모를 기반으로 그 다음 값을 차례로 만들어내는 과정을 무한히 반복할 수 있다는 장점이 있다.

이제 테온의 사다리에서 왼쪽 칸의 n째 줄의 수를 x_n이라 하고, 오른쪽 칸의 n째 줄의 수를 y_n이라 하자. 그러면 사다리에서 다음 줄에 올 수를 구하려면 아래의 식을 따르면 된다.

$$x_{n+1} = x_n + y_n$$

$$y_{n+1} = x_{n+1} + x_n$$

n째 줄에 있는 수로 만들어진 분수 $\frac{y_n}{x_n}$은 제곱근의 근삿값이며, 그 다음 값 $\frac{y_{n+1}}{x_{n+1}}$은 그보다 더 정확한 근삿값으로, n이 커질수록 정확한 값에 가까워진다.

이 공식에 약간의 섬세함을 더하면 더욱 쉽게 제곱근을 구할 수 있다. Z≧1인 임의의 수 Z로 일반화하면, Z의 제곱근을 구하는 식은 아래와 같이 정리할 수 있다.

$$x_{n+1} = x_n + y_n$$

$$y_{n+1} = x_{n+1} + (Z-1)x_n$$

테온은 자신의 사다리 틀로 2의 제곱근의 근삿값을 구하면서 특별한 증명 과정을 덧붙이지는 않았다. 그러니 우리도 더 깊이 있는 논증 없이 위의 일반화 공식을 그냥 따르기로 하자. 이제 실제 수를 공식에 적용해 보자. 아르키메데스를 매료시켰던 수, 3의 제곱근을 구해 보면 어떨까.

먼저 Z=3이라고 설정한 다음, x_1=1, y_1=2부터 시작하면 된다.

그러면 이번에는 사다리 칸들이 다음과 같이 정리된다.

Xn	yn
1	2
3	5
8	14
22	38
60	104
164	284
448	776
⋮	⋮

이 사다리를 바탕으로 구한 근삿값은 1.73214이다. 실제로 $\sqrt{3}$ 을 소수점 아래 다섯 자리까지 구한 값은 1.73205이다. 이 정도 면 무척이나 근접한 값을 구한 셈이다. 그러니 다시금 기쁘지 아 니한가!

훨씬 쉽고 간단하게 제곱근 구하기

계속해서 근과 관련된 실을 뽑아내며 뜨개질을 해 보자. 하지만 이번에는 방향을 새롭게 틀어보려 한다. 말하자면 완전히 새로운 코를 떠서 다른 모양을 짜 보는 것이다. 이번에 소개할 방식은 지금까지의 방법보다 훨씬 쉽고 간단하게 제곱근을 구하는 방법이다. 이름하여 '먼저 추측하고, 그 다음에 확인'하는 방법이다. 교육적으로 가장 효과적인 방법은 적절한 예를 들어 이해를 돕는 것이니, 거두절미하고 곧바로 실전 문제를 살펴보는 게 좋겠다. 73의 제곱근을 구해보자.

① $8^2=64$이고 $9^2=81$이므로, 별다른 수고 없이도 $\sqrt{73}$이 8보다 크지만 9보다는 작다고 말할 수 있다.

② 73이 64와 81의 중간쯤에 있으므로, 다음 단계에서는 8과

9 사이에 있는 8.5를 제곱해 보자. 앞에서 익힌 두 자리 수 곱셈법을 떠올리며 85×85를 해 보자. 두 수의 끝자리가 모두 5로 끝나므로 85×85=7225라는 값을 바로 구할 수 있다. 여러분은 어떤 방식으로 구했는지 모르겠지만, 나는 나만의 기법으로 두 단계 만에 연산을 끝냈다. 연산 값의 처음 두 자리는 8×9=72에서 구했고, 여기에 두 수의 1의 자리를 곱한 5×5=25를 덧붙였다. 그럼 끝난다! 그런데 우리가 원래 곱하려던 수는 8.5×8.5이므로 이 값에 소수점을 붙여야 한다. 8.5×8.5=72.25는 우리가 구하려는 73보다 조금 작은 값이다. 하지만 아주 가까워졌다.

③ 그렇다면 다음으로 확인해 볼 수는 8.6이다. 86×86=7396이므로, 8.6은 우리의 목적지를 넘어선다. 이로써 우리는 $\sqrt{73}$의 값이 8.5보다 크고 8.6보다 작다는 사실을 얻게 되었다. 그리고 아마도 73의 제곱근은 8.6보다는 8.5에 더 가까울 것이다. 72.25가 73.96보다 73에 더 가까운 수이기 때문이다. 따라서 여기까지 구한 제곱근의 근삿값을 $\sqrt{73} \approx 8.54$로 어림하는 정도에서 정리해도 크게 문제될 것은 없다.

③ 그러나 이렇게 끝내는 게 아쉽다면, 이 과정을 좀더 연장해 보자. 854×854=729316이므로 8.54는 우리가 구하려는 제곱근의 턱밑에 놓여 있다. 855×855=731025이므로 8.55는 너무 크다. 이 두 번의 세 자리 수 곱셈은 앞서 배운

방법을 활용하면 된다. 스위스 칼처럼 어디에서나 만능이었던 트라첸버그의 연산 기법이 떠오를 것이다. 트라첸버그의 연산만 있으면 세 자리 수끼리의 곱셈도 얼마든지 암산으로 가능하다. 72.93이 73.10보다 근소한 차이로 73에 더 가까우므로. 근의 다음 자리는 4로 어림하는 게 좋겠다. 이렇게 우리는 제곱근에 더욱 가까운 근삿값에 도달했다. 정확한 값 8.54400374…와 비교해도 큰 손색이 없다. 이 정도면 매우 훌륭한 근삿값이다.

정사각형을 그리듯 제곱근 구하기

근 구하기는 우리의 일상생활 속에 다양한 형태로 나타나곤 한다. 주변에서 제곱근을 마주할 수 있는 기회는 생각보다 많다. 가령 집 뒤에 있는 정원의 넓이가 5000제곱미터라고 하자. 이렇게 넓이가 주어지면 규모를 직관적으로 어림잡기가 쉽지 않다. 하지만 이 넓이에서 근을 구하면, 한 변의 길이가 대략 70미터인 정사각형의 면적과 비등하다는 사실을 알 수 있다. 이 정원이 실제로 정사각형이라면 가로와 세로가 각각 약 70m×70m인 셈이지만, 일반적으로 땅이 완전한 정사각형 모양인 경우는 흔치 않다.

정사각형의 면적은 제곱과 근을 이해하기에 아주 좋은 예이기 때문에, 땅이 아닌 이와 비슷한 예를 가지고 좀더 자세히 들여다볼 필요가 있다. 우선 정사각형의 사촌인 직사각형의 면적을 통해, 제곱과 근에 대한 우리의 직관을 넓혀 보도록 하자.

무대를 정원에서 사무실로 옮겨 보자. 오늘날 전 세계에서 사용되고 있는 DIN 규격의 종이를 예로 들어 보자. 종이 크기의 국제 표준인 DIN에는 다양한 크기의 종이 규격이 정해져 있다. 그 중에서 가장 널리 쓰이는 종이는 DIN A4이다. A4를 모르는 사람은 없을 것이다. DIN A4 종이 한 장은 손에 딱 들어오는 직사각형으로, 다루기도 이해하기도 쉽다.

A4 용지 한 장을 마련하여 가로로 반을 접으면 두 겹의 DIN A5가 된다. DIN A5도 직사각형이다. 그뿐이 아니다. 직사각형 A5의 각 변의 길이는 A4의 규격과도 밀접한 관계가 있다. 이 둘의 대각선을 확인해 보면 그 관계를 알 수 있다. 종이의 대각선에 대체 무슨 뜻이 담겨 있는 걸까?

우선 직사각형인 DIN A4에서 짧은 변의 길이를 x라고 하고 긴 변의 길이를 2라고 하자. 직사각형 DIN A5는 A4의 긴 변을 반으로 접어서 나온 직사각형이므로, A5의 긴 변은 x의 길이 그대로이고, 짧은 변은 2의 절반인 1이 된다. 두 종이의 가로와 세로의 비율은 같고, 이를 비례식으로 나타내면 $1:x=x:2$의 관계가 성립된다. 이를 정리하면 $x^2=2$이고, 따라서 $x=\sqrt{2}$라는 값이 나온다. 즉 DIN 용지의 가로와 세로의 비는 언제나 $1:\sqrt{2}$이다. 이렇게 또 제곱근이 출현했다.

DIN 용지에 숨겨진 흥미로운 사실을 더 알고 싶다면, A4 종이를 접어서 정사각형을 만들어 보자. 먼저 A4의 짧은 변이 긴 변에 포개지도록 대각선으로 접어준다. 그러면 접힌 선을 대각선으로 하는 정사각형이 만들어진다. 그걸 다시 펼친 다음, 대각선으로 접힌 자국이 A4의 긴 변과 포개지도록 다시 접는다. 그러면 대각선의 길이와 긴 변의 길이가 정확하게 일치한다는 것을 알 수 있다. 여기에 어울릴 만한 수학적인 시구 하나가 떠오른다. 이 문장으로 수학의 문학적 깊이가 더욱 풍성해질 것이다.

DIN 규격은 정사각형의 한 변과 그 대각선으로 만들어진 직사각형이다.

덧붙여 DIN 규격의 출발점인 A0의 규격은, 가로와 세로의 비율이 위와 같은 직사각형의 면적이 1제곱미터가 되도록 정한 것이기도 하다.

근과 관련된 아름다운 이야기는 더 계속된다. 이번에는 정사각형의 대각선과 직사각형 사이의 관계를 활용하여 근을 구하는 방법을 알아볼 것이다. 이는 고대 이집트의 수학자 헤론Heron이 처음 고안했기 때문에 '헤론의 공식'이라고도 불린다. 그는 지중해의 항구 도시 알렉산드리아에서 기원후 50년경까지 살았던 것으로 추정된다. 헤론은 제곱근 $\sqrt{3}$을 구하기 위해, 3이라는 면적을 가진 정사각형을 직접 그려서 이해하려 했다.

그러나 그런 정사각형을 그리는 일 자체가 어려울 뿐 아니라, 그 정사각형에서 뭔가를 얻어내기도 쉽지만은 않았다. 따라서 헤론은 우선 면적을 통해 제곱근을 구하려 했던 기본 원리에 만족해야 했다. 그래서 그는 정사각형이 아닌 직사각형으로 대상을 옮겨 새로운 시도를 했다. 즉 면적이 3인 직사각형을 가지고 일일이 연산을 해서, 정사각형에 가까워질 수 있는 방법을 찾은 것이다.

헤론의 방식으로 연산을 할 때, 시작이 되는 직사각형은 그리 어렵지 않게 그릴 수 있다. 먼저 면적이 3인 단순한 직사각형이 필요한데, 가로와 세로가 각각 3과 1인 직사각형을 그리면 된다. 헤론은 이렇게 간단한 도형에서부터 연산을 시작했다.

적어도 지금까지는 정사각형과 비슷해질 기미가 보이지 않는다. 직사각형이 정사각형 형태와 가까운 모양이 되려면 약간의 변화가 필요하다. 가장 간편하게는 평균값을 활용할 수 있다. 우선 이 직사각형의 긴 변의 길이와 짧은 변의 길이를 평균한 값 $\frac{3+1}{2}=2$를 새로운 직사각형의 한 변의 길이로 놓는다. 그러면 다른 변의 길이는 $\frac{3}{2}=1.5$가 된다. 새로운 도형의 면적도 3이 되어야 하기 때문이다. 여기까지만 해도 처음의 직사각형보다는 정사각형스러워졌다. '정사각형스럽다'는 형용사에 '더 정사각형스럽다'는 비교급 표현이 가능하지 않다면 '정사각형을 더 닮은'

도형이라고 하는 편이 나을지도 모르겠다.

물론 이 정도에서 만족할 수는 없다. 아직은 완벽한 정사각형이 아니므로 썩 개운치가 않다. 딱히 거슬리는 건 없지만 그래도 좀더 안정감을 느끼려면, 위의 과정을 반복하면서 끝을 봐야 할 것 같다. 이제 새로운 도형으로 다시 평균값을 구해 보자. 세 번째로 만들어질 직사각형의 한 변의 길이는 $\frac{2+1.5}{2}=1.75$이고, 이 도형의 면적도 3이 되어야 하므로 다른 변의 길이는 당연히 $\frac{3}{1.75}=1.714285\cdots$이다. 이제 두 변의 길이 차가 '그렇게까지' 크지는 않으니 이쯤에서 끝내도 무방할 것 같다. 처음 우리가 구하려던 값은 3의 제곱근($\sqrt{3}=1.73205\cdots$)의 근삿값이므로 더 이상 손대지 않아도 소기의 목적은 어느 정도 달성한 셈이다. 실제 값에 더 가까운 근삿값을 얻고 싶다면 한 번 더 평균을 구해도 좋다.

$$\frac{1.75+1.714285\cdots}{2}=1.73214\cdots$$

이쯤이면 나쁘지 않다. 아니 나쁘지 않은 정도가 아니라 아주 근사하다. 여기서 '근사하다'는 형용사에는 두 가지 뜻이 동시에 담겨 있다. 즉 실제 값에 아주 가까우면서 매우 훌륭하기까지 하다. 심지어 소수점 아래 세 자리까지 정확히 일치하니 마음이 푹 놓인다. 이 정도면 충분히 달린 것 같다. 지금 나는 노동절 한밤중에, 만하임 어딘가에서 수학을 읊고 있다. 이제 숨을 좀 돌려보자.

그래서 다음 순서는? 맞다. 늦은 밤을 아름답게 마무리하려면 음료 한 잔이 필요하다. 도형을 열심히 그리고 조립했으니 이제 해체할 시간이다. 그래서 해체를 위한 칵테일을 하나 준비했다.

수면용 칵테일 <inline_image description="TIP 태그 모양 아이콘"/>

이번에 소개할 음료는 수면에 도움이 되는 카카오-캐슈너트 칵테일이다. 카카오는 혈압을 낮추는 데 효과가 있으며, 캐슈너트 밀크에는 트립토판이 풍부하게 함유되어 있기 때문이다. 필수 아미노산인 L-트립토판은 행복 호르몬이라 불리는 세로토닌을 생성하는 데 가장 중요한 성분이다. 이 놀라운 물질은 지속적인 우울이나 긴장을 예방해 주며, 마음을 차분하게 유지시켜 준다. 뿐만 아니라 우리를 행복하게 해준다. 따라서 이번 칵테일은 하루의 끝을 밝고 긍정적인 기분으로 마무리하기에 아주 적합하다. 우리를 단잠으로 이끌어 줄, 카카오-캐슈너트 칵테일의 제조 방법은 무척 간단하다.
따뜻한 캐슈너트 밀크 한 잔에 카카오 가루 두 숟가락을 넣고 잘 저어 준다. 그런 다음 천천히 음미하면 된다. 다 마시고 나선 얼른 침대 속으로 들어가자. 그럼, 좋은 밤 보내시기를!

원을 그리듯 제곱근 구하기

— Section 6 —

이제부터는 뿌리를 캐들어가는 '해체'가 아니라 뭔가를 조립하고 구성하는 방식으로 근을 찾아보려 한다. 기하학적 도형을 그려가면서 x의 근을 구해 볼 것이다.

평면 위에 길이가 $x+1$인 선분을 하나 그리는 것으로 시작해 보자. 이 선에서 길이가 1이 되는 지점을 측정해서 A라고 표시하자. 그러면 그 나머지 길이는 x가 된다. 전체 길이가 $x+1$인 선분의 한가운데에 점을 찍은 다음, 이 점을 중심으로 하면서 지름이 $x+1$인 반원을 컴퍼스로 그린다. 이로써 여러분은 세계사 최초의 수학자가 밝혀낸 도형을 그려냈다. 그의 이름은 탈레스Thales of Miletus로 이 도형은 '탈레스의 원'이라고 불린다. 앞서 A라고 표시한 점에서 반원까지 수직선을 그어 반원을 잘라 보자. 이 직선

이 반원과 만나는 점을 B라고 한다면, A와 B 사이의 길이가 우리가 찾으려는 x의 제곱근, 즉 $\sqrt{x}$이다.

왜 그렇게 되는 걸까? 반원 위의 점 B에서 길이가 $x+1$인 선분의 양 끝점을 잇는 두 개의 직선을 그어보자. 그러면 작은 삼각형 두 개로 나뉘어진 커다란 삼각형 하나가 만들어진다. 이 세 직각삼각형은 서로 닮은꼴이다. 수학적으로 표현하면, 이 삼각형들의 세 변의 길이의 비는 모두 같다. 특히 작은 두 삼각형에서 직각을 낀 두 변의 길이의 비가 같다는 사실을 식으로 표현하면 다음과 같다.

$$\frac{x}{b} = \frac{b}{1}$$

여기서 b는 A와 B 사이의 길이를 뜻한다. 이 식을 정리하면 $x=b^2$이 되고 마침내 $\sqrt{x}=b$ 라는 식이 도출된다.

우리는 위의 모든 과정을 머릿속에 도형을 그리면서 진행했다. 작도도 암산으로 하기 위해 일부러 종이 위에는 아무런 도형도 그리지 않았다. 여러분도 모두 마음속의 눈으로 도형을 따라 그렸으리라 믿는다.

그렇다! 수학적 암산은 단지 산술에 국한되지 않으며, 암산의 결과 또한 항상 수로만 나오는 것도 아니다. 말하자면 이번 연산은 두뇌로 기하학을 풀어낸 셈이다. 그래서 우리는 x의 제곱근을 수가 아닌 선분의 길이와 그 비율로 구했으며, 그 모든 과정을 머릿속에 그려내고 구성하는 방식으로 연산을 했다. 두뇌를 활용한 기하학을 계속 이어가볼 테니, 이 특별한 연산을 모두들 기꺼이 즐겼으면 좋겠다.

고대 그리스인들은 수학적 대상을 기하학적 방식으로 푸는 일을 유난히 좋아했다. 아니 좋아했다는 말로는 부족하다. 더 강렬한 단어로 표현하자면 그들은 기하학에 '열광'했다. 그래서 그들은 제곱근 구하기처럼 복잡한 연산도 기하학적인 도구를 통해 풀어내려고 했다. 고대 그리스 사람들 이야기만 나오면 흔히 도형이 등장하곤 하는 이유가 바로 여기에 있다.

최초로 기계를 이용해 제곱근을 구한 영웅

컴퓨터는 본래 계산을 목적으로 개발되었다. 그래서 컴퓨터를 개발할 때, 제곱근을 구하는 알고리즘도 중요한 부분 중 하나였다. 최초의 컴퓨터인 에니악ENIAC은 아주 단순한 방식으로 근을 풀었다.

예를 들어 m의 제곱근을 구한다면, 먼저 1부터 n까지의 홀수들을 더해서 $m-(1+3+5+\cdots+n) < 0$을 만족하는 가장 작은 n을 구

한다. 즉 홀수를 차례로 더한 값이 m보다 커지기 시작하는 n을 취하는 것이다. 그러면 m과 n 사이에는 다음과 같은 부등식이 성립한다.

$$(\frac{n-1}{2})^2 < m < (\frac{n+1}{2})^2$$

이 식은 홀수 합의 공식, $n^2 = 1+3+5+\cdots+(2n-1)$에서 유도해 낸 것으로, 이를 정리하면

$$(\frac{n-1}{2}) < \sqrt{m} < (\frac{n+1}{2})$$

에니악의 알고리즘을 직접 체험해 보고 싶다면 실제 수로 근을 구해 보자. 예컨대 17의 제곱근을 구한다면, 먼저 1부터 홀수를 차례로 더해서 17보다 커지기 시작하는 수를 찾아보자. 17-(1+3+5+7+9) < 0이므로 이 식을 만족하는 가장 작은 홀수는 9이고, 이를 위의 부등식에 대입하면 다음과 같다.

$$(\frac{9-1}{2})^2 < 17 < (\frac{9+1}{2})^2$$

이 식을 정리하면 드디어 우리가 원하는 답이 나온다.

$$4 < \sqrt{17} < 5$$

장황했던 서막이 걷히자마자 급작스럽게 결론에 도달하고 말았다. 그리고 그 결과는 생각보다 평범해 보인다. 에니악처럼 거대한 컴퓨터가 아니더라도, 저 정도 수준까지는 우리도 쉽게 도달할 수 있었을 것이다. 즉 에니악 없이도 얼마든지 더 빠르고 똑똑하게 제곱근을 구할 수 있다. 그렇다면 에니악의 알고리즘에서 우리는 무엇을 얻을 수 있을까? 물론 에니악의 방식에도 장점은 있다. 에니악이 보여준 요령을 잘 활용하면 더 정확한 근삿값에 접근할 수 있기 때문이다.

그럼 에니악을 활용해서 근의 근삿값에 더 가까이 다가가 보자. 먼저 제곱근을 구하려는 수에 10의 제곱인 100을 곱해서 계산한 뒤에, 다시 10으로 나누어 주면 된다. 다시 말해 17의 제곱근을 구한다면, $\frac{\sqrt{1700}}{10}$ 형태로 만든 다음 에니악의 방식을 차례로 따르는 것이다. 그러면 $1700-(1+3+5+\cdots+81+83) < 0$에서 83을 얻고, 이를 위의 부등식에 대입하면 $41^2 < 1700 < 42^2 \rightarrow 41 < \sqrt{1700} < 42$이므로 부등식의 각 변을 모두 10으로 나누면

$$4.1 < \sqrt{17} < 4.2$$

첫번째 연산과 비교해 보면 두번째 연산이 실제 값에 더 근접해 있음을 알 수 있다. 이처럼 에니악의 기본 원리는 연산하려는 수에 10의 거듭제곱을 곱할수록 결과 값이 정확해진다. 예컨대 17에 100^2을 곱하고 마지막에 다시 10^2으로 나누어 주면 이런 결과가 나온다.

$$4.12 < \sqrt{17} < 4.13$$

17의 정확한 제곱근 값 $\sqrt{17} = 4.1231\cdots$과 비교하면 놀라운 결과다.

까다롭지만 재미있는 제곱근 이야기

— Section 7 —

근과 관련된 이야기를 이어가 보자. 이번에는 좀더 까다로우면서도 풍성한 내용들을 다룰 것이다. 뭔가 수준 높은 내용들을 경험하게 될 것이다.

수학적으로 명확하게 정의내리면, 제곱수 x의 제곱근이란 제곱하여 x가 되는 양의 정수 a를 뜻한다. 수학에 알레르기가 있는 사람들은 이 설명을 듣자마자 머리가 조금 복잡해졌을 것이다. 그렇다고 불평을 하거나 겁낼 필요는 없다. 초등학생들도 이해할 수 있도록 제곱근의 원리를 쉽게 풀어보겠다.

초등학생들에게 4의 제곱근을 설명하려면, 공깃돌 네 개를 주면서 이걸로 정사각형을 만들어 보라고 하면 된다. 그러면 학생들은 상당히 빠른 속도로 문제를 해결한다. 그들은 돌멩이를 이렇게 놓을 것이다.

이제 이 돌멩이들로 4의 제곱근을 설명해 줄 수 있다. 즉 4의 제곱근은 정사각형의 각 면에 놓인 돌멩이의 개수를 뜻한다. 따라서 4의 제곱근은 2이다. 마찬가지로 돌멩이 아홉 개로 정사각형을 만들면 이런 모양이 나온다.

이 정사각형의 각 변에 놓인 돌멩이 수는 세 개이므로, 자연스럽게 9의 제곱근이 3이라는 사실을 깨닫게 된다. 하지만 2의 제곱근은 이런 방식으로 구할 수가 없다. 따라서 학생들은 돌멩이를 통해 한 가지 결론에 이르게 된다. 즉 2의 제곱근은 정수가 아니라는 사실을 알게 되는 것이다.

'근'이라는 용어의 뿌리

우리 인류는 아주 오래전부터 이 사실을 알고 있었을 뿐 아니라 더 많은 것들을 파악하고 있었다. 고대 그리스인들은 한 변의 길이가 1인 정사각형의 대각선 길이가 2의 제곱근과 정확히 일치한다는 것을 그때부터 알고 있었다.

고대 그리스인들은 선분의 길이로 제곱근의 개념을 나타내려 하면서 이와 같은 결론에 도달할 수 있었다. 말하자면 그들은 '기하학적'인 것과 '대수적'인 문제를 직접 연관시킨 셈이다. 옛 그리스 사람들은 유독 기하학적인 그림과 작도에 관심이 많았다. 실제로 수학에서는 기하학적 도형을 그리는 것이 분수나 소수로 표현하는 것보다 이해가 더 빠르고 수월할 때가 많다. 그리스 사람들은 방정식의 연산 값을 구할 때도 여러 차례 선분을 그린 끝에 마지막 결과를 얻어 냈다. 즉 선분의 길이가 방정식의 최종 값이 되는 것이다. 그리스인들은 도형을 통해 수를 찾아냄으로써, 조직적이고 구조적인 방식으로 문제를 해결한 셈이다.

아라비아 수학자들이 고대 그리스 수학자들을 접촉했을 때, 그들은 자신들의 대수학代數學에 자부심을 느끼면서도 그리스인들의 연산 방식에 상당한 자극을 받았다. 모든 방정식과 연산을 구체적인 수나 그것을 대신하는 문자로 풀어내는 대수학은 기하학적 도형을 그려 수 체계를 이해하는 방식과는 차원이 달랐다.

고대 그리스인들은 연산을 위해 '가장 기본이 되는 선분 하나'를 그린 다음, 이를 바탕으로 다양한 도형을 작도해서 최종 연산 값을 도출해 냈다. 그리스인들은 이 선분을 '플레우라pleurá'라고 불렀는데, 플레우라에는 '기초' 또는 '토대'라는 뜻이 담겨 있다. 아라비아 사람들은 플레우라를 '지드러jidr'라는 단어로 번역했는데, 지드러도 '기초'라는 의미를 가지고 있다. 하지만 아랍어 지드러는 다른 한편으로 '식물의 뿌리'를 뜻하기도 한다.

나중에 유럽의 수학자들이 아라비아 수학을 받아들이면서, 지드러를 그와 비슷한 뜻을 가진 라틴어 '라딕스radix'로 번역하게 된다. 지드러와 마찬가지로 라딕스도 '식물의 뿌리'를 뜻하는 단어이다. 그것이 오늘날 우리가 사용하는 근Radix(영어로 표현하면 루트root)이라는 말의 유래다. 수학에서 '근'은 거듭제곱근의 줄임말이기도 하지만 방정식을 만족시키는 값, 즉 '해解'를 뜻하기도 한다. 이렇게 돌고 돌아, 그리스어 단어 플레우라는 '기하학적 작도로 대수 방정식을 풀어낸 값'이라는 의미가 되기도 했다.

빠르게 뿌리내리기

단어의 뿌리를 찾아 잠시 언어학을 기웃거려 봤으니, 다시 수학으로 돌아와 근 구하기에 집중해 보자. 앞서 미리 전제했듯 한 단계 높은 상급자 과정이다. 제곱근 구하기 가운데에서도 가장 까다롭고 집중력을 요하는 내용으로, 제곱근의 값이 딱 떨어지지 않는 수들을 다룰 것이다. 딱 떨어지지 않는 제곱근의 값은 소수점 아래로 무수한 숫자들이 끊임없이 이어진다. 그러니 우선 마음을 비우고 욕심을 내려놓을 필요가 있다. 어차피 온전한 값이 아닌 근삿값으로 만족해야 하기 때문에 소박하고 겸손한 마음을 가져야 하는 것이다.

제곱근의 근삿값은 이미 앞에서도 살짝 맛을 봤지만, 이번에 소개할 연산은 그보다 훨씬 복잡한 방식인 데다 더 빠르게 진행해 나갈 참이다. 더 큰 패기와 도전 정신이 필요하다.

근의 근삿값을 빠르게 구하려면 어떻게 해야 할까?

① 욕심을 모두 내려놓고 임의의 수 x의 제곱근에 어느 정도 가까워지려면, 먼저 x와 가장 근접한 제곱수를 찾아 그 근을 구해야 한다. 예를 들어 68의 제곱근을 구한다면, 이와 가장 가까운 제곱수는 64이고 그 제곱근은 8이다. 이렇게 근에 한 단계 가까워졌다. 이 정도면 충분히 소박하고도 겸손하다!

② 다음 단계에서는 위에서 구한 '소박한' 근삿값에 분수를 더해야 하는데, 분수의 분자에는 68-64를 두고 분모에는 2×8을 놓는다. 이 설명을 식으로 표현하면 이렇게 된다.

$$\sqrt{x} \approx Q + \frac{x - Q^2}{2Q}$$

　여기서 Q^2은 x에 가장 가까운 제곱수이며 Q는 그 제곱근이다. 지금 풀고 있는 문제를 이 식에 대입하면 Q=8이며, 분수 부분을 정리하면 $\frac{4}{16}$=0.25이다. 따라서 $\sqrt{68}$=8.25라는 값을 얻을 수 있다. 계산기를 두드려 보니 $\sqrt{68}$의 소수점 아래 세 자리까지의 값은 8.246이란다. 마음을 비운 것에 비해 꽤나 놀랍고도 만족스런 결과다.

　예를 하나 더 들겠다. 같은 방식으로 $\sqrt{140}$을 구해 보자. 140에 가장 가까운 제곱수는 12^2=144이므로 근삿값 Q=12이다. 위 공식의 분수 부분을 정리하면, $\frac{140-144}{2 \times 12} = \frac{-4}{24} = -0.167$이므로 $\sqrt{140}$의 근삿값은 12-0.167=11.833이 된다. 역시 계산기로 확인해 보니 11.832…라고 찍힌다. 박수가 절로 나온다.

모든 과정을 통과한 이들을 위한 보너스

—— Section 8 ——

지금까지 우리는 상당히 무모한 모험을 감행하며 제곱근의 근삿값을 구해 보았다. 이 정도에서 멈춰도 될 만큼 근의 세계를 열심히 헤집고 다녔다. 하지만 여기서 끝내고 싶지는 않다. 여러분이 거부하지 않는다면 소소한 덤 하나를 추가하고 싶다. 말하자면 보너스 문제인 셈이다. 이번에도 딱 떨어지지 않는 제곱근을 구해 보겠다. 휴대전화만 열어도 모든 계산이 순식간에 이루어지는 시대에 그 흐름을 역행해서 오직 두뇌만으로 연산을 시도하는 게 무슨 쓸모가 있을지 의심스럽겠지만, 기계의 도움으로 계산하는 것이 편하기는 해도 머릿속에서 진행되는 빠른 암산이 필요할 때도 있다. 휴대전화나 계산기가 늘 손에 들려 있는 것도 아닌 데다, 도구에 의존하지 않고 계산하는 것처럼 재미있는 일도 없기 때문이다. 그러니 기계에 밀려 사멸해가는 암산을 되살린다는 마음으로 보너스 문제를 풀어보자.

우리의 머리를 시험해 볼 수는 721.50이다. 한눈에도 강골로 보이는 이 수의 제곱근을 구하려 한다. 그리 쉬워 보이지는 않는다. 실제로도 그렇게 간단하지만은 않다. 하지만 우리는 이미 최고급 과정에 등극했으니 도전해볼 만하다. 답을 구하는 과정을 처음부터 끝까지 한 단계씩 따라가다 보면 금방 이해가 갈 것이다. 게다가 단계가 그리 많지도 않고 복잡하지도 않다. 단순한 과정을 순서대로 진행하면 곧 답이 나오는 연산 방식이니, 차근차근 풀어 보자.

① 첫 단계는 소수점에서 시작된다. 소수점을 중심으로 왼쪽과 오른쪽의 숫자들을 두 자리씩 묶어 준다. 따라서 맨 왼쪽에는 숫자 하나가 쌍을 이루지 못하고 한 자리로 남아 있다. 왼쪽은 상관없지만 소수점 오른쪽에서는 숫자가 짝을 이루지 못하면, 맨 끝에 0을 덧붙여 온전한 한 쌍이 되도록 만들어 준다. 그래서 721.5가 아니라 721.50으로 놓고 계산을 하는 것이다. 계산의 편의를 위해, 두 자리씩 묶은 숫자쌍의 경계에 작은 선 하나를 그어 준다. 지금부터 하게 될 계산을 다음과 같이 준비한다.

$$\sqrt{7'21.50} =$$

② 다음 단계에서는 숫자 7 하나가 홀로 서 있는 가장 왼쪽 부분에 집중한다. 우선 7을 넘기지 않는 가장 큰 제곱수를 찾는다. 그 제곱수는 4이며, 4의 제곱근은 2이다. 여기서 나온 2를 우리가 구하려는 근의 왼쪽 첫번째 자리에 놓는다. 그리고 7에서 4를 빼면 3이 남는다. 여기까지의 과정을 보이면 아래와 같다.

$$\sqrt{7'21.50} = 2$$
$$\frac{4}{3}$$

③ 이제부터는 다음의 단계를 차례로 따르면서, 필요에 따라 연산을 반복하면 된다. (i) 먼저 앞서의 뺄셈에서 남은 값(7-4=3)에 다음 자리의 숫자쌍을 붙여서 새로운 수를 만들어 준다. 7 다음 자리에 있는 21을 3에 붙여, 321을 만드는 것이다. (ii) 이어서 등호의 오른쪽에 있는 수, 즉 우리가 처음으로 구한 값(2)을 두 배로 곱한 값(2×2=4)이 10의 자리에 놓이는 두 자리 수를 생각해야 한다. 아직 1의 자리에 어떤 수가 와야 할지 모르니 우선은 물음표로 대신하면, 4?이 우리가 찾아야 할 수다. ?에 들어갈 수를 찾으려면, 두 자리

수 4?와 한 자리 수 ?를 곱한 값이 위에서 만들어둔 321에 가장 가까우면서도 321을 넘지 않도록 하면 된다. 즉 46×6=276이고 47×7=329이므로, ?에 들어갈 수로는 6이 적합하다. (ⅲ) 이렇게 얻은 6을 근의 둘째 자리에 놓고, 46×6=276을 321에서 뺀다. 321−276=45. 여기까지의 과정을 보이면 아래와 같다.

$$\sqrt{7'21.50} = 26$$

$$\begin{array}{r} 4 \\ \hline 321 \\ 276 \\ \hline 45 \end{array}$$

④ 소수점 왼쪽에 있는 숫자쌍들을 모두 계산했으므로, 이제 26 뒤에 소수점을 붙이고, 그 아래 자리를 찾을 차례다. 아마도 무엇을 어떻게 해야 할지 대충 짐작이 갈 것이다. ③에서 한 번 해봤던 (ⅰ)부터 (ⅲ)까지의 과정을 그대로 되풀이하면 된다. 직접 해보고 나서 아래의 모양과 같은지 확인해 보자.

$$\sqrt{7'21.50} = 26.8$$

$$\begin{array}{r} 4 \\ \hline 321 \\ 276 \\ \hline 4550 \\ 4224 \end{array}$$

4224가 어떻게 나온 수인지 이해가 잘 안 간다면 힌트를 주겠다. $2 \times 26 = 52$에서 $52? \times ?$의 값이 4550에 가까우면서 4550을 넘지 않도록 ?에 들어갈 수를 찾아 얻은 값이다. 즉 $528 \times 8 = 4224$이다.

이렇게 한 바퀴 더 돌아 소수점 아래 자리까지 구했다. 이렇게 $\sqrt{721.50} \approx 26.8$ 이라는 값을 얻었으니 잠시 숨을 돌리고 넘어가자.

근호 그리는 방법

막간을 이용해 근 구하기와 관련된 일화를 하나 덧붙일까 한다.

피보나치란 이름으로 잘 알려진, 레오나르도 디 피사는 어떤 수의 근을 그 수 앞에 문자 r을 붙여 간단하게 표현했다. 이 r은 라틴어의 라딕스radix(뿌리)를 줄인 것으로, $r712.5$처럼 쓴 것이다.

오늘날의 근호가 처음 사용된 것은 17세기 무렵이다. "나는 생각한다, 그러므로 나는 존재한다"라는 말로 유명한 르네 데카르트René Descartes가 알파벳 r의 비스듬한 선을 길게 늘여, 근을 구하려는 수를 덮을 수 있게 표현한 것이다. 말 그대로 근호 속에서 근을 끄집어낼 수 있도록 이렇게 기호화한 덕에, 근의 의미가 더 명확해졌으며 복합적인 연산에서도 마치 괄호처럼 근과 다른 수들을 쉽게 구별할 수 있게 되었다. 이를테면 $\sqrt{3} \times 5$와 $\sqrt{3 \times 5}$

의 차이가 분명해진 것이다.

길게 연장한 선 ─을 문자 r에 덧붙인 기호는 시간이 흐르면서 차츰 단순해졌고, 그것이 오늘날 우리가 널리 사용하는 근호($\sqrt{}$)가 되었다.

인도에 경의를 표하며

이제 한 번 더 연습해 보자. 두번째 예로는 91을 골랐다. 91은 인도의 국제전화 국가 번호인데, 이 연산 방법이 모든 인도인들의 공로가 담긴 수학 문제라 해도 과언이 아니기 때문이다. 그들에게 작은 경의를 표하며 문제를 풀어 보자.

이번에도 소수점 아래로 숫자들이 줄줄이 이어질 것이다. 소수들을 충분히 즐길 준비가 되어 있기를 바란다. 이렇게 힘겨운 문제를 굳이 선택한 이유가 무엇이냐고 묻는다면 나도 딱히 할 말은 없지만, 막상 해 보면 그렇게 힘에 부치지만은 않을 것이다. 이번 연산도 얼마든지 빠른 암산이 가능하다. 분명 첫 문제보다 수월할 것이다. 먼저 간단한 문장들로 방법을 설명하고 나서 본격적인 풀이로 들어가 보겠다.

　① 91의 제곱근을 구하려면, 앞에서와 마찬가지로 우선 91 이하의 수 가운데 가장 큰 제곱수를 찾아야 한다. 9^2=81이므로,

여기에서 나온 9가 우리가 찾는 제곱근의 첫째 자리가 된다.

② 이제부터는 제곱근의 소수 부분을 구해야 한다. 91에서 81을 빼면 10이 남는다. 이렇게 빼고 남은 수에 근호 안의 수 91의 뒷부분을 붙인다. 하지만 91 뒤에는 더 이상 숫자가 없지 않은가? 어떻게 해야 할까? 방법은 간단하다. 91을 91.00으로 바꾸면 된다. 두 자리씩 숫자쌍을 맞춰야 한다고 했으므로 소수점 아래에 두 자리를 더 만들어준 것이다. 91의 뒤에 소수점 아래 두 자리를 덧붙였으므로, 처음 구한 제곱근 9 뒤에도 소수점을 찍어야 한다.

③ 제곱근의 소수점 아래 첫째 자리는 위의 뺄셈 값 10에 00을 덧붙인 1000을 이용해 구하면 된다. 앞에서와 마찬가지로 물음표 ?에 해당하는 수를 찾아 보자. 이미 구해놓은 값 9를 두 배로 곱해서 나온 값 2×9=18 뒤에 ?를 붙이고, 18?×?의 값이 1000에 가장 가까우면서 1000을 넘지 않도록 해 주는 ?를 찾으면 된다. 이 수가 제곱근의 소수점 아래 첫 자리 값이다. 184×4=736이고 185×5=925이며 186×6=1116이므로, ?에 제일 적합한 수는 5이다. 동의하시나?

따라서 9 뒤에 5를 붙여 준 9.5가 91의 제곱근의 근삿값이 된다. 혹시 모르니 검산을 해 보자. 9.5^2=90.25이고 9.6^2=92.16이다. 이들 두 연산 또한 앞에서 익혔던 기법들을 활용하면 얼마든지 암산이 가능하다.

더 정확한 근삿값을 구하려면, 위에서와 마찬가지로 마지막 줄의 뺄셈에서 나온 값에 0 두 개씩을 붙여가면서 이 과정을 되풀이해 나가면 된다.

암산을 하더라도 모든 세부 과정을 일일이 기억할 필요는 없으며, 제곱근 계산도 마찬가지다. 따라서 아래와 같이 연산 과정을 단계별로 따라가면서 중요한 부분들만 머릿속에 저장해 두기로 하자. 지금부터 내 두뇌는 필요없는 부분은 생략해버리는 자동 조종 모드가 될 것이다.

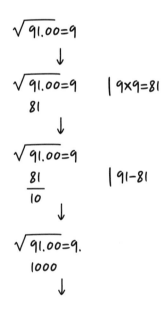

$$\sqrt{91.00} = 9. \qquad | \; 2 \times 9 = 18$$
$$1000$$

$$\downarrow$$

$$\sqrt{91.00} = 9. \qquad | \; 185 \times 5 = 925$$
$$\begin{array}{r} 1000 \\ \hline 925 \end{array}$$

$$\downarrow$$

$$\sqrt{91} \approx 9.5$$

작고도 위대한, 근 구하기 신동

인도 출신의 열한 살 소녀 프리얀시 소마니Priyanshi Somani는 2010년에 열린 국제 암산 월드컵에서 우승을 차지했다. 소마니는 여섯 자리 수 열 개의 제곱근을 소수점 아래 여덟 자리까지 정확히 구했으며, 열 개의 근을 모두 구하는 데 411초를 넘기지 않았다. 작은 소녀지만 근 구하기 분야에서만큼은 대가라고 할 수 있다.

근은 어떻게 뿌리내리는가

그동안 우리가 다룬 내용 외에도 제곱근의 뿌리를 찾는 방법은 무수히 많다. 그리고 세상에는 거듭제곱근을 구하는 분야에 비상한 능력을 가진 사람들도 무척 많다. 예를 들어 어떤 사람은 100자리 수의 13제곱근을 13초가 되기도 전에 암산으로 구할 수 있다. 이들은 거대한 수로 이루어진 복잡한 연산을 엄청난 속도로 풀어내는데, 암산이 워낙 빠른 나머지 다른 사람들이 그 수를 다 읽기도 전에 답을 내놓곤 한다. 이처럼 비범한 능력을 가진 이들은 아마도 나름의 암산 비법이 있을 것이다.

2015년 무렵 나는 이와 관련된 이야기를 〈차이트 온라인ZEIT-Online〉 블로그에 기고한 적이 있다. 당시만 해도 사람이 암산으로 근을 구하는 속도는 그 정도였다. 그런데 그 사이에 이보다 더 빠르게 근을 구하는 사람이 등장했다. 상상도 못할 속도로 근을 구하며 선두를 달리는 이가 나타난 것이다. 너무나 끝내주는 일이다.

거대한 근을 구하는 위대한 구루Guru

그 사람은 바로 독일 출신의 암산 명인 게르트 미트링Dr. Dr. Gert Mittring으로, 심리학과 교육학으로 박사학위를 두 개나 받은 까닭에 그의 이름 앞에는 박사Dr. 칭호가 두 개나 붙는다. 수학을 취미로 즐긴다는 게르트 미트링은 2016년 5월 취리히에서 열린 암산 대회에서, 1백만 자리 수의 89247제곱근을 불과 몇 분만에 구했다. 아무런 도구도 없이, 그저 머리로만! 그것이 미트링이 보유한 세계 신기록이다. 이렇게 거대한 수의 거듭제곱근을 계산 도구 없이 미트링보다 빠르게 구한 사람은 아직 나오지 않았다. 1백만 자리의 수를 출제하는 데만 156장짜리 소책자를 가득 채운 문제에 미트링이 답을 내놓는 데 걸린 시간은 정확히 6분 4.1초였으며, 그가 구한 근은 160269883449였다.

물론 우리가 그런 수준까지 도달하려는 건 아니지만, 사고의 영역을 그 수준에 가깝게 넓혀 볼까 한다. 베다 수학이 좋은 길잡이가 될 것이다.

베다 수학은 인도에서 유래된 암산 체계에 기초를 두고 있다. 앞에서 바라티 크리슈나 티르타지를 언급했던 것을 기억할 것이다. 고바단 수도원의 수도원장이었던 그는 베다의 수학 부분을 체계화하여, 인도의 전통 계산법을 널리 전파했다. 베다는 고대 인도의 경전으로 힌두교의 가장 오래된 성전이기도 하다. 베다 문서는 기원전 1200년 무렵에 만들어졌으며, 티르타지는 여러 베다 문서 가운데 가장 오래된 《리그베다Rigveda》를 중심으로 수학적 연산 기법들을 밝혀냈다. 이렇듯 베다 수학의 연산 기법은 역사가 가장 긴 계산법 중 하나라고 할 수 있다.

앞에서 역수를 다루면서 우리는 이미 베다 수학을 활용해본 적이 있다. 베다 수학에는 연산을 위한 열여섯 가지 기본 규칙이 있다. 이른바 수트라Sutra라고 불리는 이 규칙은 수학의 카마수트라Kamasutra인 셈이다.

베다 규칙은 우리가 지금까지 알고 있는 형식이나 틀에 얽매이지 않는 데다, 그저 규칙을 따르기만 해도 연산을 아주 빠른 속도로 끝낼 수 있다는 장점이 있다. 뿐만 아니라 우리가 학교에서 배우는 일반적인 연산법보다 훨씬 빠르고 간편하다. 수트라에 담긴 규칙들은 복잡한 계산 문제도 신속하게 해결할 수 있도록 도와주기 때문에, 오늘날 인도와 미국의 여러 대학에서도 베다 수학과 관련된 다양한 강의를 개설하고 있다.

이제 베다 수학을 이용하여, 1000과 1000000 사이에 있는 어떤 세제곱수의 세제곱근을 빠르게 구해 볼 것이다. 이 방법은 세제곱수, 즉 세제곱근이 정수로 딱 떨어지는 수일 때만 활용이 가능하다. 연산을 하기에 앞서 준비할 사항이 있다. 우선 1에서 9까지 한 자리 수들의 세제곱 값을 알아두어야 다음 단계로 들어설 수 있다. 가볍게 짚고 넘어가자.

$$1^3 = 1$$
$$2^3 = 8$$
$$3^3 = 27$$
$$4^3 = 64$$
$$5^3 = 125$$
$$6^3 = 216$$
$$7^3 = 343$$
$$8^3 = 512$$
$$9^3 = 729$$

이 목록을 자세히 살펴보면, 세제곱수들의 끝자리가 모두 다르다는 걸 알 수 있다. 따라서 'z의 세제곱'으로 만들어진 세제곱수의 1의 자리를 알면, 세제곱근 z의 1의 자리를 알 수 있다. 1에서 9까지의 수 z와 그 세제곱수의 끝자리를 각각 짝지어 정리하면 다음의 숫자쌍으로 나타낼 수 있다.

$$(1, 1), (2, 8), (3, 7), (4, 4), (5, 5), (6, 6),$$
$$(7, 3), (8, 2), (9, 9)$$

이 숫자쌍들은 기억하기 쉽게 생겼다. 약간의 힌트를 주자면, 양 끝의 1과 9는 두 수가 같다. 또 가운데에 있는 4, 5, 6도 마찬가지다. 그리고 나머지 수들은 괄호에 묶인 한 쌍의 합이 10이어서, 어느 한 쪽을 10에서 빼면 다른 수가 나온다.

이 숫자쌍을 충분히 숙지했다면 다음 단계로 넘어가 보자. 언뜻 사소해 보이는 이 숫자쌍들이 우리를 더 넓은 세상으로 안내해 줄 것이다. 이 목록 덕에, 우리는 세제곱수의 근을 암산으로 구하는 길에 한 걸음 성큼 다가갈 수 있는 것이다. 이 숫자쌍을 잘 기억해 두면, 누군가가 1000과 1000000 사이에 있는 세제곱수 하나를 주며 세제곱근을 구하라고 해도 아무 문제 없이 답을 찾을 수 있다. 미리 말하자면, 1000이 10의 세제곱이고 1000000이 100의 세제곱이므로 여기서 구하려는 세제곱근은 언제나 두 자리 수이다. 따라서 이제 두 자리 수의 각 자리, 즉 두 개의 수만 찾으면 되는데, 그 중 1의 자리는 위의 숫자쌍만 비교하면 금방 나온다. 예를 들어 세제곱수의 마지막 자리가 3이라면, 그 세제곱근의 1의 자리는 7이 된다.

1의 자리를 찾았다면 세제곱수의 끝 세 자리를 지운 뒤에, 지우고 남은 수보다 작은 'x의 세제곱'을 찾는다. 여기에서 찾은 x

가 우리가 구하려는 세제곱근의 10의 자리가 된다. 설명은 건조하고 딱딱하지만, 막상 실제로 해보면 부드럽고 말랑말랑하다. 설명한 방법대로, 117649의 세제곱근을 구해 보자.

① 117649의 끝자리는 9이다. 숫자쌍에 목록에 따라 세제곱근의 1의 자리 역시 9라는 것을 알 수 있다.

② 1의 자리를 찾았으니 117649의 끝 세 자리를 지워 117만 남긴다. 이제 세제곱해서 117을 넘지 않는 수를 찾아보자. 5^3=125이니 117을 넘는다. 따라서 우리가 찾으려는 세제곱수는 4^3=64이다. 이로써 세제곱근의 10의 자리가 나왔다. 바로 4이다. 즉 117649의 세제곱근은 49이다. 검산해 보면, 49×49=2401이고 2401×49=117649이니 정확하다.

세 문제를 더 준비했다. 위에서 익힌 방식으로 스스로 실력을 테스트해 보자.

$$166375, \quad 571787, \quad 1728$$

마지막 문제는 그 유명한 1729보다 1이 작은 수이다. 1729는 수학의 역사에서 아주 특별한 위치를 차지한다. 1729는 '하디— 라마누잔 수'라고도 불리는데, 저명한 두 수학자 하디G. H. Hardy 와 라마누잔S. Ramanujan의 일화에서 유래한 별칭이다. 스리니바사 라마누잔은 20세기를 대표하는 수학의 대가 중 한 사람이다.

수학적으로도 위대한 업적을 남긴 그의 짧은 생애는 카리스마가 넘쳤다.

어느 날 라마누잔이 몸이 아파 병원에 입원을 했는데 그의 스승이자 친구였던 하디가 병문안을 왔다. 당시 하디는 택시를 타고 병원을 찾았는데, 그가 탔던 택시의 번호가 1729였다. 택시를 타고 병원으로 가는 동안 하디는 이 수의 의미를 깊이 생각했다. 병원에 도착한 하디는 이 수로 대화의 말문을 열었다. 하디는 1729가 단조롭기만 하고 별다른 특징도 없다고 말하면서, 그게 불길한 징조가 아니기를 바랐다. 그러자 라마누잔은 이렇게 응수했다. "아니에요, 선생님. 이 수는 결코 단조롭지 않아요. 1729는 '서로 다른 두 가지 방식으로 두 세제곱의 합을 나타낼 수 있는 가장 작은 수'인 걸요."

라마누잔의 말을 직접 증명해 보고 싶다면 지금 당장 계산을 해봐도 좋다. 어떤 세제곱수들의 합인지 혼자 찾아보고 싶다면 눈을 질끈 감고 다음 줄을 얼른 건너뛰기 바란다. 내가 벌써 아래에 답을 적어 놓았기 때문이다.

$$1729 = 1^3 + 12^3 = 9^3 + 10^3$$

수에 대한 감수성이 뛰어난 사람들은 이미 눈치를 챘을지도 모르겠다. 등식을 자세히 보면, 라마누잔이 이 수를 왜 그리 흥미로워했는지 알게 될 것이다. $9^3+10^3=12^3+1$이라는 관계는 그 유명한 방정식 $x^n+y^n=z^n$과 매우 비슷하다. n=3이라고 하면 x=9, y=10 그리고 z=12이며, 좌변과 우변이 고작 1밖에 차이나지 않으니 '거의' 같아진 것이다.

이 방정식은 프랑스의 수학자 피에르 드 페르마Pierre de Fermat가 수백여 년 전에 내놓은 정리, "n〉2 일 때, $x^n+y^n=z^n$은 정수해를 갖지 않는다"로 유명해졌다. 페르마의 정리를 풀면, 어떤 거듭제곱수의 지수가 3보다 큰 정수일 때는 지수가 같은 두 거듭제곱수의 합으로 나타낼 수 없다는 뜻이 된다. 페르마가 이런 정리를 내놓은 이후 수학계에서는 이 문제를 풀기 위해 수많은 학자들이 증명을 시도했지만, 350년이 넘도록 그 누구도 풀어내지 못했다. 그러다 마침내 영국의 수학자 앤드루 와일스Andrew Wiles가 이 정리를 증명했는데, 그가 풀어낸 증명 방식은 어마어마하게 복잡하고 어려워서 기네스북에 가장 어려운 수학 문제로 이름을 올리기도 했다.

다시 1729로 돌아와서, 하디—라마누잔 수를 바탕으로 식을 살짝 변형하면 다음과 같은 방정식이 만들어진다.

$$x^n+y^n=z^n+1$$

악명 높은 페르마의 정리와는 달리 이 방정식에는 정수해가 있으며, 위에서 본 대로 n=3에서 성립한다. 심지어 값을 구하기도 수월하다. 이 식과 자매라고 할 수 있는 $x^n+y^n=z^n-1$도 무난하게 성립하는지라, $6^3+8^3=9^3-1$처럼 훈훈한 관계도 가능하다.

이렇게만 놓고 보면 페르마의 정리에서 n=3인 경우를 반증하지 못한 건 엄청난 우연이 아닐까 싶다. 어디엔가 증명 가능한 수가 있을지도 모르겠다.

지금까지 살펴본 내용을 바탕으로, 아래의 등식을 세제곱수와 연관시켜 꼼꼼히 들여다보자. 쉽게 말해 이들 방정식 안에 세제곱수의 합이 들어 있는지 확인해 보자는 뜻이다.

$$4096+8=3375+729$$

1729가 '하디─라마누잔 수'의 첫번째 택시번호라면, 위의 합 4104=4096+8을 두번째 택시번호라고 할 수 있다. 앞서 라마누잔이 1729를 '두 가지 방식으로 두 세제곱의 합을 나타낼 수 있는 가장 작은 정수'라고 했으므로, 4104는 이 조건을 충족하는 그 다음으로 작은 정수라고 할 수 있다. 나아가 세번째 택시번호는 13832이다. 13832를 두 세제곱수의 합으로 정리하면, 13824+8=5832+8000이다. 네번째 택시번호는 20683이다. 이번에는 여러분들이 직접 수를 분해해서 세제곱수들을 찾아보면 어떨까?

어느 날 문득 내 계산기를 두드려 보다가 이런 값을 얻었다.

$$3987^{12}+4365^{12}=4472^{12}$$

이 식이 정말 가능할까? 그렇다! 여러분도 직접 계산기로 확인해 보길 바란다. 이 식이 정말 성립한다면 페르마의 정리가 틀렸다는 반증이 될 수도 있다. 하지만 실제로 계산해 보면 등식이 정확히 성립하지는 않는다. 실은 좌변과 우변의 값이 아주 근소하게 다르다. 다만 너무나 가까운 나머지 일반적인 계산기에서는 그 차이가 무시될 뿐이다. 정확히는 좌변이 우변의 0.000000002만큼 크다.

정수가 아닌 세제곱근

수학이 주는 희열을 충분히 즐겼다면, 이제 근호 안에 있는 수가 세제곱수가 아닐 때도 과감하게 다가갈 자신이 생겼을 것이다.

세제곱근이 정수로 딱 떨어지지 않는 경우에는 끝자리만 비교하면 풀리는 간단한 방식이 통하지 않는다. 안타깝게도 위에 소개한 방법을 완전히 잊고 새롭게 시작해야 한다. 그렇다고 절망감에 빠질 필요는 없다. 우리가 앞에서 경험한 다양한 연산법들을 잘 활용하면 문제의 실마리를 얻을 수 있다. 가령 제곱수가 아닌 수의 제곱근을 구하던 방법을 떠올려 보자. 그때 사용했던 연산 과정 안에 큰 잠재력이 숨어 있다. 거기에서 쓸 만한 규칙을 끄집어내서 우리가 시도하려는 연산에 적용하면 된다.

① 먼저 근호 안의 수가 정수가 아니라면, 먼저 소수점을 중심으로 왼쪽과 오른쪽을 나누어 생각해야 한다. 이번에는 숫자들을 세 자리 단위로 묶어 준다. 소수점의 왼쪽은 상관이 없지만, 소수점의 오른쪽이 세 자리씩 묶이지 않으면 문제를 풀 수 없다. 따라서 소수점의 오른쪽 끝이 온전한 세 자리가 되도록 0을 붙여 준다. 제곱근을 구할 때와 마찬가지로, 이번에도 세 자리씩 묶인 숫자의 경계를 표시하기 위해 작은 점을 찍어 준다.

$$9'367.630$$

어떤가, 이걸 보니 기억이 새록새록 떠오르지 않는가?

② 다음 단계에서는, 세 자리로 묶이지 않고 맨 왼쪽에 홀로 서 있는 수 9에 집중해 보자. 이제 9를 넘지 않는 가장 큰 세제곱수를 찾아보자. 자연스럽게 8을 떠올릴 수 있다. 8

의 세제곱근 2가 우리가 찾는 세제곱근 값의 첫 자리이다.
연산을 계속해 나가려면 다음엔 무엇을 어떻게 해야 할까?
우선 세제곱근 2를 등호의 오른쪽에 놓고, 세제곱수 8은
뺄셈을 하기 위해 9의 바로 아래에 놓는다. 9에서 8을 빼고
남은 1은 그 아래에 적어 넣는다. 지금까지의 과정을 수식
으로 정리하면 다음과 같다.

$$\sqrt[3]{9\,'367.630} = 2$$
$$\underline{8}$$
$$1$$

③ 세번째 단계에서도 앞서 제곱근을 구할 때 했던 과정을 떠올
   리면 된다. 여러 번 같은 과정을 되풀이했던 연산 방식이 떠
   오를 것이다. 다만 제곱근 때보다는 과정이 조금 더 복잡하다.

(i) 마지막 뺄셈에서 나온 수 1 뒤에, 근호 안에 있는 수에서
   다음 차례로 묶여 있는 세 자리 수를 붙여 준다. 즉 1 뒤에
   367을 붙여서 1367을 만드는 것이다. 설명을 편하게 하기
   위해, 새로 만든 수 1367을 Z라 하고 등호의 오른쪽에 지금
   까지 구해놓은 값을 L이라 하자. 즉 Z=1367이고 L=2이다.

(ii) 이제 부등식 $(300L^2 + 30LN + N^2) \times N \leq Z$를 만족하는 가
   장 큰 정수 N을 찾아야 한다. N으로 적합한 후보는 분수

$\dfrac{Z}{300L^2}$의 정수 부분에 해당한다는 것이 힌트다. 이렇게 N의 후보를 찾았다면, 실제로 N이 위의 부등식을 만족하는 가장 큰 정수인지 확인해 본다. 후보로 찾은 수와 연이어 있는 수들을 N에 차례로 대입해 가며 적합한 N인지 점검하는 것이다. 직접 해보자. $\dfrac{Z}{300L^2}=\dfrac{1367}{300\times4}$이므로 일단 N=1을 후보로 놓고 부등식에 대입한다. $(300\times4+30\times2\times1+1)\times1=1261<1367$이지만 N=2를 대입하면 $(300\times4+30\times2\times2+4)\times2=2648>1367$로 Z보다 커지므로, N=1이다. 이렇게 구한 N을 L 뒤에 붙인 21이 지금까지 구한 세제곱근 값이다.

(ⅲ) 이제 N을 위의 부등식의 좌변에 대입해서 구한 값 1261을 Z 아래에 놓고 뺀 뒤에, 1367-1261=106 뒤에 다음 차례로 연산할 세 자리 수 630을 붙인다. 이제 그렇게 만들어진 106630이 새로운 Z가 되고, 지금까지 구한 세제곱근 값 21이 새로운 L이 된다. 여기까지의 과정을 식으로 표현하면 아래와 같다.

$$\sqrt[3]{9'367.630}=21$$

$$\begin{array}{r} 8 \\ \hline 1367 \\ 1261 \\ \hline 106630 \end{array}$$

③ 더 정확한 값을 얻으려면, 21 뒤에 소수점을 찍고 같은 과정을 되풀이한다. 세제곱근의 소수점 아래 첫째 자리를 찾아 보자. Z=106630이고 L=21이므로, $\dfrac{Z}{300L^2} = \dfrac{106630}{300 \times 21 \times 21}$의 정수 부분 0이 N의 후보가 된다. N=0으로 연산을 이어가면 다음과 같은 모양이 나온다.

$$\sqrt[3]{9'367.630} = 21.0$$

$$
\begin{array}{r}
8 \\
\hline
1367 \\
1261 \\
\hline
106630 \\
0 \\
\hline
106630000
\end{array}
$$

④ 필요하다면 이 과정을 몇 번이고 되풀이할 수 있다. 소수점 아래 둘째 자리를 구하려면, Z=106630000, L=210 (소수점은 무시한다)로 새로운 N의 값을 찾으면 된다. $\dfrac{Z}{300L^2} = \dfrac{106630000}{300 \times 210^2}$ 을 계산하면 8보다 조금 큰 소수가 나온다. N=8을 대입하면 $(300 \times 210^2 + 30 \times 210 \times 8 + 8^2) \times 8 = 106243712$이고, N=9를 대입하면 $(300 \times 210^2 + 30 \times 210 \times 9 + 9^2) \times 9 = 119581029$이므로, N=8이다. 이 값을 21.0 뒤에 붙이면 지금까지 찾은 세제곱근의 근삿값은 $\sqrt[3]{9367.630} = 21.08\cdots$이다.

꽤 복잡한 과정이었지만, 이 연산은 틀리지 않았다. 그 어떤 계산기를 두드려도 결과는 언제나 다음과 같기 때문이다.

$$\sqrt[3]{9367.630} = 21.0802\ldots$$

계산기에게 확인을 받고 나니, 마음이 조금 놓인다.

무려 '다섯제곱근'을 구하는 법

거듭제곱근의 대미를 장식하기 위해, 우리의 사고력을 극단까지 몰아붙여 보려 한다. 이번에는 무려 다섯제곱근을 다룰 것이다. 이리저리 헤매거나 에두르지 않고, 아주 간단하고 빠른 길로 접어들 테니 미리 겁낼 필요는 없다. 이 방법은 르네 퀸튼Renée Quinton이 생각해낸 방식이다.

본격적인 연산에 앞서, 마법 같은 수 다섯 개를 반드시 머릿속에 저장해둬야 한다.

1, 3, 24, 100, 300

이들만 있으면 다섯제곱수의 근을 문제없이 풀 수 있다. 그리고 풀이 과정도 그리 어렵지 않다. 미리 외워둬야 하는 다섯 개의 수 가운데 1은 100000(십만)을 의미하며, 나머지 네 수는 백만을 곱한 값을 뜻한다. 즉 300은 300000000이며 24는 24000000인 셈이다. 1의 뒤에만 0을 다섯 개 붙이고, 나머지 수 뒤에는 0을 여섯 개 붙인다고 생각하면 쉽다.

자기 스스로 구하는 근

이번 연산에는 특별한 이론적 설명을 덧붙이지 않겠다. 그저 다섯 개 수를 가지고 따라오다 보면 다섯제곱수의 근이 나올 것이다. 다만 조건이 있다면, 근을 구하려는 다섯제곱수가 대략 700000000(7억)보다 작아야 하고, 구하려는 근이 60보다 작아야 한다. 단순한 사고만 필요할 뿐, 너무 복잡한 생각은 하지 않아도 된다. 이제 간단한 판단력으로 '수의 오중주'를 즐겨보자.

$$\sqrt[5]{69343957}$$

이 문제를 어떻게 풀면 좋을까? 근호 안에 들어 있는 수는 대략 69×10^8이고, 우리는 이 수의 다섯제곱근을 구해야 한다. 미리 외워둔 다섯 개의 수를 활용하면 값이 마법처럼 빠르게 도출

될 것이다. 실제로 이 연산 방식은 암산 마술처럼 보이기도 하고, 다 풀어 놓고 보면 마법을 경험한 듯 놀라움을 느낄 수도 있다. 누군가가 이렇게 커다란 수를 내밀며 다섯제곱근을 구하라고 한다면, 그저 손가락을 꼽으면서 1, 3, 24, 100…을 헤아리기만 하면 된다. 근호 안의 수에서 뒷부분 여섯 자리를 지우면 69만 남는데, 이럴 경우 다섯제곱근 계산은 세번째 손가락과 네번째 손가락 사이에서 끝이 난다.

① 엄지손가락(1)을 꼽으며 1, 검지(2)를 꼽으며 3, 장지(3)를 꼽으며 24, 약지(4)를 꼽으며 100…을 차례로 세다 보면, 69는 24와 100 사이, 3(장지)과 4(약지) 사이에 있다. $\sqrt[5]{69343957}$의 10의 자리가 3이라는 뜻이다. 이렇게 쉬울 수가!

② 1의 자리를 찾는 건 이보다 더 쉽다. 모든 다섯제곱수의 1의 자리는 그 근의 1의 자리와 같다. 즉 근호 안에 있는 수의 1의 자리가 우리가 구하려는 다섯제곱근의 1의 자리이다.

이것으로 연산은 벌써 끝났다. 뭔가를 제대로 시작하지도 않았는데, $\sqrt[5]{69343957}=37$이라는 답이 나와 버린 것이다. 아무 걱정 근심 없이 문제 하나를 풀었으니, 우리 인생에도 덕 하나가 쌓였을 것이다.

만일 근호 안의 수가 100000보다 작다면, 근의 10의 자리 수는 0이다. 따라서 다섯제곱근의 1의 자리만 구하면 된다. 하지만 이미 근호 안에 있는 수의 1의 자리를 알고 있으므로 따로 구하고 말고 할 게 없다. 문제를 보자마자 답이 바로 나와 버리니 이보다 간단할 수가 없다. 이보다 빠른 근 구하기는 전에도 없었고 앞으로도 없을 거다. 아래 예를 통해 그 실체를 확인해 보자.

$$9^5 = 59049$$

이 원리를 확장하면 더 큰 범위의 수들도 다룰 수 있다. 즉 구하려는 근이 60보다 커도 100을 넘지만 않는다면 이 원리를 적용할 수 있다. 이때 근호 안에 있는 다섯제곱수는 $100^5 = 10000000000$(1백억)까지 가능하다. 다만 조건이 있다. 추가로 기억해야 할 수가 더 있기 때문에, '오중주'를 할 때보다 두뇌의 저장 공간이 조금은 더 필요하다.

$$777, 1500, 3000, 6000, 10000(백만)$$

다섯제곱근을 순식간에 구한다는데 이 정도쯤을 더 외우는 건 아무것도 아니다. 손이 하나 더 필요할 뿐 과정은 똑같다. 직접 값을 구해 보자.

$$\sqrt[5]{992436543}$$

근호 안에는 대략 992×10^6이 되는 수가 있다. 다시 손가락으로 세어 보자. 앞서 다섯 개의 수로 5까지 세었으니 이번에는 6부터 헤아려 보자. 777은 6, 1500은 7··· 992는 여섯번째 손가락과 일곱번째 손가락 사이에 있다. 따라서 근의 10의 자리는 6이고, 1의 자리는 근호 안에 있는 수의 끝자리를 보면 된다. 즉 답은 63이다.

별다른 에너지 소모 없이 쉽고 가볍게 끝이 났다. 에너지를 쓸 틈도 없이 문제들이 단번에 풀리고 말았다. 이렇게 딱 떨어지는 다섯제곱근은 마치 DIY(Do-it-yourself) 같다. 근호 안의 수가 스스로 근을 구해내고 있으니 말이다. 우리가 할 일은 약간의 암기와 간단한 판단뿐이다. 이런 다섯제곱근은 수학의 뮌히하우젠 Münchausen이라고 할 만하다. 평생 허풍과 거짓이 가득한 무용담을 떠들고 다녔던 독일의 뮌히하우젠 남작Hieronymus Carl Friedrich Freiherr von Münchhausen처럼, 정수로 딱 떨어지는 다섯제곱근은 직접 구해놓고도 쉽게 믿어지지 않는다.

내가 준비한 다섯제곱근 이야기는 여기까지다. 그리고 이제 근과도 작별을 할 시간이다. 마지막은 언제나 설렌다. 그 다음에 무엇이 있을지 알 수 없기 때문이다. 그래서 마지막은 늘 아슬아슬하면서도 모험심을 불러일으킨다. 더는 근(거듭제곱근)과 직접 관련된 주제를 다루지는 않으려 한다. 하지만 근이 완전히 사라지는 것은 아니다. 근에 토대를 두면서도 근보다 훨씬 더 고집스럽고 끈질긴 녀석들이 우리의 모험에 박차를 가할 것이다. 마지막 모험에선 9제곱근, 13제곱근, 17제곱근, 21제곱근까지도 구하게 될 것이다. 그럼 거듭제곱의 지수가 커지는 만큼 그에 어울리는 부호가 필요해지는데…"다음 장에서 계속!"

Chapter 6

로그의
마법

로그는 약간 제정신이 아닌 것 같다. 아니 좀더 세게 말하면 로그는 미쳤다. '미쳤다'는 표현이 너무 강렬하다 싶긴 하지만, 실제로 로그는 우리의 상상을 넘어선다. '미친Loco 로그'라는 표현도 그나마 부드럽게 순화한 것이다. 다르게 표현하자면, 로그는 일종의 신화적인 대상이다. 로그는 마치 마술 지팡이 같아서, 수학의 세계에서 로그를 휘두르면 놀라운 일들이 벌어진다. 로그는 곱셈을 덧셈으로 바꾸며, 나눗셈을 뺄셈으로, 거듭제곱을 곱셈으로 변형시키기도 한다. 그래서 로그만 손에 쥐고 있으면 모든 복잡한 연산이 어려움 없이 해결된다. 그러니 신통한 마술 지팡이를 가진 것이나 다름없다.

이처럼 신통한 로그는 어떤 원리로 작동하는 걸까? 로그도 암산이 가능할까? 그렇다면 그 방법은 무엇일까? 이런 궁금증들을 지금부터 하나씩 풀어가 보자.

복잡한 계산을 쉽게 풀어주는 로그의 비밀

—— Section 1 ——

초등학생 꼬마에게 로그를 설명하려면 우리가 아는 일반적인 정의로는 거의 불가능하다. 다들 알다시피 로그의 정의는 아주 추상적이며 심지어 가혹하기까지 하다. 인정사정없는 로그의 정의를 살펴보면 다음과 같다.

로그란 어떤 수를 나타내기 위해 일정한 밑을 몇 번 거듭제곱해야 하는지를 표시하는 함수이다.

대체 이게 무슨 말일까? 대부분의 사람들은, 공식적인 정의를 읽었는데도 로그의 뜻을 제대로 이해하지 못했을 것이다. 몇몇 '쿨한' 사람들은 이 정의를 보며, 저스틴 비버와는 정반대 스타일이라고 말할지도 모르겠다. 아무튼 이런 정의로는 초등학생 친구들에게 로그를 설명할 수 없다. 꼬마들에게 다가가려면, 시체처럼 무미건조하고 서늘한 이 정의를 공포가 가득한 추상의 골방에 집어넣어야 한다. 그래야 우리의 수학이 좀더 깔끔하게 정리될 것이다. '정리―모드'도 필요한 것이다.

하지만 한 가지는 분명히 하고 넘어가자. '로그―쇼가 벌이는 공포 뮤지컬'에는 위와 같은 사전적 정의가 썩 적절하다는 것이다. 물론 '공포 뮤지컬'은 내가 만들어 낸 표현이다. 눈치 빠른 독자들은 이미 눈치챘겠지만, 이 책에는 생전 듣도 보도 못한 비유 표현들이 많이 등장한다. '수의 우주'나 '숫자 왕국'을 비롯해서 '추상의 골방'이니 '공포 뮤지컬'에 이르기까지, 이런저런 단어를 조합해서 만든 낯설고 새로운 표현들을 이미 여러 번 접했을 것이다. 그래도 제임스 조이스James Joyce의 《율리시스》에 비하면 그리 많은 편도 아니다.

비판적인 입장이긴 하지만 위의 정의를 일단 워드프로세서에 옮겨 놓고, 이제 이 정의를 초등학생들에게도 친근하게 다가갈 수 있는 문장으로 바꿔 보겠다. 즉 로그를 '친근―모드'로 바꾸는 작업을 시도하려는 것이다.

먼저 하늘 높이 떠 있는 로그를 지상으로 끌어내려야 한다. 그러면 로그는 우리에게 가장 단순한 질문을 던질 것이다. 로그가 건네는 질문에는 우리가 지금껏 줄곧 묻고 답했던 질문과 정반대 방향의 내용이 담겨 있다. 그러니까 우리가 했던 질문들은 곱셈 2×2나 $2 \times 2 \times 2$ 혹은 $2 \times 2 \times 2 \times 2$의 결과를 얻기 위한 것들이었다. 그러나 이제부터 하려는 질문은 이런 것들이 아니다. 로그는 이와 정반대의 질문에서 시작한다. 예를 들면 이런 식이다. 2를 몇 번 곱해야 8이 나올 수 있을까? 즉 8이 되려면 $2 \times 2 \cdots$의 곱셈에서 2가 몇 개나 필요할까?

질문의 답은 간단하다. 8을 얻으려면 인수 2를 정확히 '세 번' 곱해야 한다. $8 = 2 \times 2 \times 2$이기 때문이다. 이 문장의 '세 번'이라는 표현에 나오는 수, 즉 3이 로그값이다. 정확히 말하면 '2를 밑으로 하는 로그 8의 값은 3'이라고 할 수 있다. 이를 기호로 나타내면, $\log_2 8 = 3$이라 쓸 수 있다.

로그식에서 밑이 생략되는 경우도 있는데, 특히 밑이 10일 때는 수들의 관계가 명확하기 때문에 주로 밑을 쓰지 않고 계산하며, 이를 상용로그라 한다. 우리의 수 체계가 10진법에 기초하고 있기 때문이다. 초등학생 모드로 접근해 보면, '10을 밑으로 하는 로그 100'은 2이다. 같은 방식으로 '밑이 10인 로그 1000'은 3이 된다. $10 \times 10 = 100$이고 $10 \times 10 \times 10 = 1000$이기 때문이다. 다시 말해서 10을 몇 번 거듭제곱해야 100과 1000이 되는지 생각해 보면 답은 각각 2와 3이다.

이 정도면 초등학생도 로그를 이해할 것이다. 그리고 우리도 초등학생 못지않게 이해력이 높은 편이니, 다들 충분히 이해했으리라 믿는다.

로그의 정의는 이만하면 됐으니, 이제 수백 년 전으로 거슬러 올라가 역사를 살펴보겠다. 로그가 처음 발견된 해는 1614년으로, 영국의 수학자 존 네이피어John Napier가 그때까지 연구한 내용을 집대성해서 책으로 발표하면서 로그의 개념이 세상에 알려지게 되었다.

네이피어가 살던 17세기에는 천문학이 급속도로 발전하면서, 말 그대로 '천문학적'인 수들을 다룰 일이 많아졌다. 어마어마하게 큰 수들 사이의 곱셈은 지난하고 단조로운 데다 오류도 자주 발생했다. 그래서 네이피어는 이 계산들을 더 간소화할 수 있는 방법을 궁리했다. 그 결과 길고 복잡한 곱셈을 아예 덧셈으로 해결하는 방법을 찾아낸 것이다. 네이피어가 생각해낸 다음과 같은 관계가 바로 로그의 기본 원칙이 되었다.

$$\log(x \times y) = \log(x) + \log(y)$$

천재적이다! 로그를 이용하면, 두 인수 사이의 곱셈을 인수의 로그값 사이의 덧셈으로 간단하게 나타낼 수 있다. 로그만 있으면 천문학적인 규모로 큰 수들 사이의 연산도 해가 지기 전에 끝을 볼 수 있다. 로그의 도움을 받지 않았다면 며칠을 앉아서 씨름을 해도 모자랐을 것이다. 그런 의미에서 존 네이피어의 발견은 실로 위대하다고 할 수 있다. 천문학적인 수를 단순화함으로써 우주에 눈길을 둔 인간의 시간을 한껏 아껴준 셈이다.

네이피어와 같은 시대를 살았던 수학적 동료들은 그가 발견한 로그에 감탄해서 이 분야를 더욱 깊고 넓게 발전시켰다. 그중 한 사람인 영국의 수학자이자 천문학자 헨리 브릭스Henry Briggs는, 새롭게 등장한 수학적 도구에 놀란 나머지 무려 400킬로미터를 달려 네이피어가 사는 에든버러를 찾아가기도 했다. 브릭스는 로그를 보자마자 매우 유용한 도구라는 사실을 알아챘으며, 아주 크거나 아주 작은 수들을 간단명료하게 표현할 수 있다는 점에 특히 주목했다. 로그만 있으면 거대한 규모의 우주도 밑이 10인 두 자리 수의 로그값으로 나타낼 수 있으니, 천문학자이기도 한 브릭스에게는 특히 놀라운 발견이었다. 큰 수만이 아니라 아주 작디작은 수들도 로그를 거치기만 하면 한결 다루기 쉬운 영역으로 옮길 수 있다.

로그가 흥미로운 까닭은 또 있다. 일반적으로 인간의 감각은 자극의 강도와 비례하지 않는다. 즉 자극의 강도가 올라간다고 해서 그만큼 감각이 증가하는 것은 아니다. 하지만 로그는 자극의 강도에 비례해서 증가한다.

로그(로가리듬Logarithm)는 원래 그리스어에서 유래한 표현으로, 비례logos와 수arithmos라는 뜻의 단어를 조합해 만든 단어이다. 생각할수록 탁월한 선택인 것 같다. 실제로 독일어에서 로그는 비례 관계를 나타낼 때 자주 활용된다. 두 수 a와 b의 비가 다른 두 수 c와 d의 비와 같을 때, 이를 식으로 나타내면 a : b=c : d 또는 $\frac{a}{b} = \frac{c}{d}$로 쓸 수 있다. 이 식이 성립한다면 이들의 로그 값의 차도 같으며, 다음의 식도 성립한다.

$$\log(a) - \log(b) = \log(c) - \log(d)$$

로그는 그저 복잡한 수학이 아니다. 로그는 우리의 삶에 상당히 유익하다. 로그와 가깝게 지내는 법을 배워 두면, 너무 늦지도 혹은 시대에 뒤처지지도 않을 것이다. 더불어 너무 아름답거나 너무 젊지도, 혹은 너무 거칠거나 너무 외롭지도 않을 것이다. 로그는 우리가 젊음과 야생성을 적당히 유지할 수 있도록 도와준다. 로그 앞에선 우리 모두가 동등한 혜택을 누릴 수 있다. 게다가 로그와 한번 친해지면 수학뿐 아니라 일상 속에서도 다양한 응용이 가능하다. 분명 친해진 보람이 있을 것이다.

실제로 로그는 여러 다양한 분야에서 유용하게 활용되고 있다. 어떤 결과의 원인을 추론하거나, 투입(인풋)과 산출(아웃풋) 사이의 관계를 도출하는 데도 자주 사용된다. 이를테면 경제 성장 과정을 추론해 볼 수도 있다. 어떤 주식의 시세가 현재 1000유로인데 5년 동안 2000유로로 상승해야 한다면, 해마다 얼마나 상승해야 이런 결과가 나타날 수 있는지를 로그를 활용해서 계산해낼 수 있다.. 구하려는 매년의 상승폭을 q라고 하면, n년 만에 위와 같은 결과에 도달하려면 다음의 식을 충족시켜야 한다.

$$\log(q) = \frac{1}{n} \times \log\left(\frac{2000}{1000}\right)$$

$n=5$일 때 이 식을 만족시키는 $q \approx 1.149$이며, 맨 처음 시세였던 1000유로에 $q \approx 1.149$를 다섯 번 곱하면 목표로 했던 2000에 도달하게 된다.

$$1000 \times 1.149 \times 1.149 \times 1.149 \times 1.149 \times 1.149 \approx 2000$$

로그를 알게 되면 이처럼 수를 바라보는 시각이 달라진다. 즉 로그를 통해 수를 더 깊고 넓게 이해하게 되는 것이다. 로그가 세상에 등장하자마자 엄청난 반향이 일어난 이유도 그래서이다. 무엇보다 로그의 발견과 관련된 이야기는 수학사를 한결 풍성하게 만들어 주었다. 로그는 처음 발견되자마자 수학에서 매우 중요한 위치를 차지하게 되었으며, 그 이후로도 300년이 넘도록 모든 수학자들이 가장 중요한 연산 도구로 활용할 만큼 확고한 자리를 차지하고 있다. 나아가 로그의 계산값을 체계적인 목록으로 정리한 로그표는 일종의 '연보랏빛 작업복'이라 할 수 있다. 1970년대 여성 해방 운동의 상징이었던 이 작업복처럼, 로그표는 수학의 실용화와 간소화를 이끌었다. 오랫동안 실용적인 연산 도구였던 로그표는 계산자의 발명으로 이어지기도 했다. 그러나 반세기 전 공학용 계산기가 개발되면서 로그표는 그 자리를 내주어야만 했다.

로그표 이야기를 좀더 해 보자. 계산기나 컴퓨터가 아예 없거나 흔치 않았던 시절에, 사람들은 로그가 필요할 때면 로그표를 찾아보았다. 지금으로부터 약 백 년 전, 물리학자 프랭크 벤포드 Frank Benford는 로그표를 수록한 책의 책장을 넘기다가 뭔가 이상한 점을 발견했다. 책의 앞쪽 페이지가 중반이나 뒤쪽 부분보다 더 많이 닳아 있었던 것이다. 이를 통해 벤포드는 사람들이 로그표에서 큰 수들보다는 1로 시작되는 수를 더 자주 찾아본다는 사실을 알아챘다. 이것은 로그표에서 1로 시작되는 수들이 다른 수들보다 자주 사용된다는 뜻이기도 하다. 그래서 벤포드는 마을의 주민 수나 강의 길이, 물리학의 상수, 주식 시세 등 다양한 분야에서 나타나는 수많은 수치들의 자료들을 모아 첫 자리의 수를 일일이 살펴보았다. 즉 실제로 우리가 접하고 있는 무수한 수들 가운데 첫 자리의 수가 1인 경우가 얼마나 빈번한지를 분석한 것이다.

벤포드는 여기에서 그치지 않고 자신의 관찰과 분석 결과를 법칙으로 정리했다. 그가 수집한 자료에서 첫 자리가 d로 시작하는 비율을 밑이 10인 상용로그(따라서 밑은 생략한다)로 나타내면 $\log(1+\frac{1}{d})$이었던 것이다. 이 법칙에 따르면 수치들로 가득한 자료에서 임의로 고른 어떤 수의 첫 자리가 1이 될 확률은 첫 자리가 9인 경우보다 여섯 배나 크다. 어안이 벙벙해지는 차마 예상하지 못한 결과이고, 보고도 믿기 어려운 법칙이다. 과장과 유머를 곁들여 표현하자면, 네나Nena의 1980년대 히트곡 〈99개의 풍선〉이나 〈알리바바와 40인의 도둑〉보다 《1001야화》가 우리 앞에 출현할 확률이 훨씬 높다는 것이다.

1로 시작하는 수들이 '수의 우주'에서 우위를 점하고 있다니 선뜻 믿어지지가 않지만, 이 법칙에는 그럴듯한 근거가 있다. 가령 시세가 1000유로인 주식이 있다고 생각해 보자. 이 가액의 첫 자리가 1인 범위를 벗어나려면, 시세가 두 배로 뛰어 2000유로가 되어야 한다. 즉 100퍼센트 이상 상승해야 하는 것이다. 반면에 주식 시세가 9000유로일 때 첫 자리가 9인 범위를 벗어나려면, 똑같은 1000유로가 필요하긴 하지만 이때의 상승률은 고작 11퍼센트이다. 따라서 1000과 2000 사이의 1000보다 9000과 10000 사이의 1000이 실은 더 넓다고 할 수 있다. 단순히 수로만 보면 똑같은 간격이지만, 9000에서와는 달리 1000을 11퍼센트 올려도 여전히 앞자리가 1을 벗어나지 못한다는 점에서 실현시킬 수 있는 정도가 다르기 때문이다.

벤포드의 법칙대로 정말 우리가 마주치는 수치들에서 첫 자리가 1일 확률이 다른 수보다 훨씬 높다면, 그 수학적 근거는 무엇일까? 로그와 확률을 활용하여 벤포드의 법칙을 구체적으로 이해해 보자.

어떤 수치의 첫 자리가 d라고 할 때, 1부터 9까지의 d가 첫 자리로 올 확률 P를 벤포드의 법칙에 따라 로그 식으로 나타내면 다음과 같다.

$$P(d) = \log\left(1 + \frac{1}{d}\right) = \log(d+1) - \log(d)$$

여기서 첫 자리로 d가 나올 '확률'을 구하려면 $\log(d+1)$에서 $\log(d)$를 뺀 값을 비교해야 한다. $\log(1)=0$이며 $\log(2)=0.3010\cdots$, $\log(3)=0.4771\cdots$, $\cdots$, $\log(9)=0.9542\cdots$이므로, 첫 자리에 1이 나올 확률은 $\log(2)-\log(1)=0.3010\cdots$이다. 또 첫 자리로 2가 나올 확률은 $\log(3)-\log(2)=0.1761\cdots$이 된다. 그리고 어떤 수치의 첫 자리가 9가 될 확률은 $\log(10)-\log(9)$이고, $\log(10)=1$이므로 $1-0.9542\cdots=0.0458\cdots$이 나온다. 첫 자리가 1이 될 확률보다 확실히 크게 떨어진다. 어쩐지 9가 좀 외로워 보인다.

그렇다면 벤포드의 분포도로 우리는 무엇을 할 수 있을까? 가장 재미있는 작업은 바로 자료의 조작을 점검하는 일이다. 회계 장부처럼 수치들로 가득한 실제 자료에서, 첫 자리가 1이 아닌 수치들이 벤포드의 분포도보다 많이 측정된다면, 그 수치들은 조작되었을 가능성이 높다. 따라서 조작된 자료인지를 확인하려 한다면 첫 자리 수치들의 분포를 확인해서 벤포드의 분포도와 비교해보면 된다. 첫 자리가 1이 아닌 수치가 몇 십 퍼센트 넘게 나타난다면 그 수치들은 어딘가 수상쩍으며 조작된 자료라고 의심해볼 수 있는 것이다.

실제로 자료를 꾸미거나 위조하기란 그리 쉬운 일이 아니다. 벤포드의 법칙을 전혀 모르는 채로 편의대로 자료를 조작해 놓은 사람들은, 자신이 조작한 자료가 벤포드 검사에서 금세 발각되리라는 사실도 까맣게 모를 것이다. 실생활에서는 아마도 세금 신고할 때 위조의 유혹이 가장 강렬할 것이다. 독일과 미국의 금융 당국과 공인회계사들은 이미 수년 전부터 벤포드의 법칙을 기반으로 한 소프트웨어를 설치해서, 신고 내역의 수치들이 일정한 편차 이상으로 정상적인 분포에서 벗어나면 경고가 울리도록 설정해 놓았다. 물론 어떤 수치를 조작했는지까지 알 수는 없지만, 일단 경고가 들어온 신고 내역을 좀더 꼼꼼히 살펴보고 샅샅이 뒤져 조작의 흔적을 찾아낼 실마리는 될 수 있다. 그렇게 적잖은 탈세자들이 벤포드의 레이더망에 걸려 발각되곤 했다. 세금 신고 내역에 있는 수치들의 첫 자리 수를 세는 것만으로도 탈세를 걸러낼 수 있다니, 정말 멋지지 않은가?

지금까지 살펴본 대로, 로그는 생각보다 재미있으며 예상외로 놀라운 응용 사례로 가득차 있다. 그런데 이게 끝이 아니다. 로그에는 이보다 더 흥미진진하고 매력적인 내용들이 숨어 있다. 앞에서 다룬 다양한 연산법들과 마찬가지로, 로그에도 재미있고 유익하면서 스트레스 하나 없이 암산할 수 있는 방법이 있다. 이제부터 그 방법을 여러분에게 소개해 보겠다. 아무 도구 없이 로그만 가지고 쉽고 빠르게 암산하는 법을 함께 알아보자.

밑이 10인 상용로그로 시작해 보자. 먼저 머릿속에 임의의 수를 하나 떠올려 보자. 이제 아무 계산 도구 없이, 그 수의 상용로그 값을 어림해 볼 것이다. 이 연산을 하려면 사전 작업이 하나 필요하다. 로그값을 구하려는 수를 일단 과학적 기수법Scientific notation으로 적어야 한다. '과학적 기수법'이란 모든 수를 (1보다 크고 10보다 작은 소수)×(10의 거듭제곱) 꼴로 적는 것이다. 예를 들어 2017을 과학적 기수법으로 나타내면, $2.017×10^3$으로 쓸 수 있다. 여기까지 왔다면 앞에서 소개한 로그의 관계가 떠오를 것이다.

$$\log(a×b)=\log(a)+\log(b)$$

과학적 기수법은 상용로그에서 특히 유용한데, 10의 거듭제곱수는 로그값을 따로 구할 필요가 없기 때문이다. 상용로그는 밑이 10이므로 10을 거듭제곱한 지수가 바로 로그값이다. $\log(10^3)=3$처럼, 지수를 읽기만 하면 바로 값이 도출된다. 따라서 어떤 수를 과학적 기수법으로 표현하면, 10의 거듭제곱 부분은 나중에 더하기 위해 따로 떼어 제쳐놓고, 앞 부분의 1보다 크고 10보다 작은 수의 로그값만 찾으면 된다.

우선 소수점 아래로 내려가지 않는 정수의 로그값부터 살펴보자. 1에서 9까지 한 자리 정수의 상용로그값, 정확히 말해 상용로그의 근삿값들은 그리 어렵지 않다. 몇 개의 값만 외워두면 나머지는 금방 구할 수 있기 때문이다.

$$\log(2) \approx 0.301$$
$$\log(3) \approx 0.477$$
$$\log(7) \approx 0.845$$

이 정도만 알면 충분하다. 나머지 값은 아주 단순한 계산을 통해 이 세 값으로부터 얻을 수 있다. 예를 들어 $4=2\times2$이므로, 곧바로 $\log(4)=\log(2)+\log(2)\approx0.301+0.301=0.602$를 찾을 수 있다. 다른 값들도 이처럼 쉽게 구해진다.

$$\log(5)=\log\left(\frac{10}{2}\right)=\log(10)-\log(2)\approx 1-0.301=0.699$$

$$\log(6)=\log(2)+\log(3)\approx 0.778$$

$$\log(8)=\log(2)+\log(2)+\log(2)\approx 0.903$$

$$\log(9)=\log(3)+\log(3)\approx 0.954$$

술술 풀린다. 막힘없이 매끄럽게 흘러가는 걸 보니, 다시금 '섹시하다'는 말이 터져나오려고 한다. 로그를 풀다 보면 마치 수와 연애를 하는 것 같기도 하다. 로그를 활용하면 연산이 이렇게 능수능란하게 풀리는데, 더 매력적인 내용도 있다. 바로 소수의 로그를 구하는 방법이다. 한마디로 간추리면, 두 수의 간격을 파악하면 그 사이에 놓인 로그값을 쉽게 어림할 수 있다!

예를 들어 2.017의 로그값을 구해 보자. 이 수는 2와 3 사이에 놓여 있는데, 좀더 정확히 어림하면 2와 3 사이의 약 $\frac{1}{6}$ 지점에 있다. 따라서 2.017의 상용로그값도, 2와 3의 로그값 0.301과 0.477의 $\frac{1}{6}$ 지점쯤에 있다. $\log 2.017\approx 0.304$가 근삿값이기는 해도, 결코 나쁘지 않은 답이다. 내가 가장 믿고 의지하는 계산기를 두드려 본 결과, 2.017의 상용로그를 소수점 아래 세 자리까지 구한 값은 정확히 0.3047이니까. 한 번 더 구해보자.

$$\log 8.37\approx 0.920$$

우선 8.37이 어디쯤 놓여 있나 생각해 보자. 8.37은 8과 9 사이의 약 $\frac{1}{3}$ 지점에 있다. 그러므로 8.37의 로그값은 $\log 8 \approx 0.903$ 과 $\log 9 \approx 0.954$ 사이의 $\frac{1}{3}$ 쯤에 있을 것이다. 계산해보면 0.920인데, 계산기로 확인해 보면 $\log 8.37 \approx 0.9227$이니 반박의 여지 없이 깔끔한 결과다.

이 숫자 놀이가 마음에 들었는지 모르겠다. 조금 복잡했던 앞부분에 비하면, 위의 로그 연산은 여유롭게 즐기기에 충분했다. 로그를 다룰 자신감이 생겼다면 로그가 풀어내는 구체적인 연산을 경험해 보자. 처음 로그를 소개하며 말했듯 로그는 다른 모든 연산에 적용할 수 있다. 로그를 활용한 다양한 연산의 전모를 살펴볼 수는 없겠지만, 로그로 거듭제곱근을 구하는 방법을 통해 그 일부라도 맛을 보려 한다. 오랜만에 다시 등장하는 근을 보면 다들 분명 반갑겠지만, 잠시 숨을 고르며 쉬어 가는 게 좋겠다. 좀 개인적인 이야기이기는 한데, 기꺼이 공개하겠다.

내가 제일 좋아하는 로그

생각하면 할수록 로그의 발견은 정말 놀랍고 대단하다. 모든 로그가 놀랍고 매력적이지만, 그 가운데 내 마음을 특별히 사로잡은 로그는 따로 있다. 내가 가장 아끼는 이 로그는 괴짜 중의 괴짜이며, 어느 수보다도 우스꽝스럽고 독특하다. 무수한 상용로 그들 중에서도, 사람을 웃게 만드는 이 로그만이 나의 비밀스런 친구이다.

$$\log 237.5812087593 \approx 2.375812087593$$

보다시피 이 친구는 '수의 우주'에서 벌어지는 마술 같은 우연을 우리에게 몸소 전하고 있다. 이러니 내가 마음을 빼앗길 수밖에 없지 않은가. 보고만 있어도 즐거운 이 친구가 여러분의 마음에도 들었기를 바란다.

이 친구를 예외로 하면, 대부분의 로그들은 어딘가 진지하고 무겁게만 느껴진다. 내가 수학자이긴 해도, 로그는 내게도 다가가기 쉬운 상대가 아니다. 수많은 로그들에 부족한 점이 있다면 바로 경쾌함과 가벼움이다. 특히 지수가 붙어 있는 로그들은 가벼울 틈이 없다. 지수는 일종의 선禪이며, 그 역함수인 로그도 선이다. 하지만 대다수의 사람들은 선, 즉 해탈의 경지에 다다르지 못했다.

내게 로그는 11월의 날씨 같아서, 다소 스산한 감이 있지만 그래도 어떻게든 이겨낼 방안은 있다. 주변의 분위기가 로그처럼, 11월처럼 무겁게 내려앉을 때는 그에 맞는 칵테일이 필요하다. '감정의 칵테일'을 권한다.

차마 실현되지 못한 나의 환상

• 재료 •

만년설의 경계에 위치한 작은 오두막, 어마어마한 눈송이, 조니 워커 블랙 라벨

지금은 11월, 나는 해발 2000미터에 자리한 조그마한 오두막 앞 낡은 벤치에 앉아 산골짜기를 내려다보고 있다. 가파른 내리막길이 보인다. 저 아래 어딘가에서 교회 종소리가 희미하게 들려온다. 그러다가 언제부턴가 눈이 내리기 시작했다. 커다란 눈송이들이 천천히 떨어지며 온 세상이 하얀 솜털로 뒤덮였다. 나는 오두막으로 들어가, 조니 워커와 위스키 잔을 가지고 나왔다. 그리고 한 손으로 눈을 두세 움큼 집어 잔에 담았다. 그런 다음 그 위에 위스키를 눈이 모두 녹지 않을 만큼만 살짝 따라 주었다. 다시 벤치에 앉아 종소리를 들으며, 눈송이 하나하나를 바라보며, 술잔을 홀짝홀짝 마시면서… 로그로 근을 어떻게 구할지 골몰하고 있다.

로그로 근 구하기

이제 로그로 거듭제곱근을 구해 보려 한다. 그 중에서도, 지수는 크지만 근이 정수로 떨어지는 거듭제곱수들을 다룰 것이다. 이 계산은 아주 독특한 방식으로 진행된다.

앞서 우리는 n^5을 비롯해서 일반적으로 n^{4k-1}꼴의 거듭제곱수들은 그 끝자리가 근의 끝자리와 같다는 사실을 확인했다. 그런데 n^3과 n^{4k-1}꼴의 거듭제곱들은 상황이 조금 다르다. 이 경우에

도 n의 끝자리로 n^{4k-1}의 끝자리를 추정할 수는 있으나, 둘 사이의 관계가 살짝 복잡하다. 이들의 관계를 표로 정리하면 다음과 같다.

n의 1의 자리	0	1	2	3	4	5	6	7	8	9
n^{4k-1}의 1의 자리	0	1	8	7	4	5	6	3	2	9

이 표를 쉽게 이해할 수 있도록 힌트를 주자면, 표의 양 끝 칸과 가운데 세 칸은 위아래가 같고, 나머지 칸은 위아래를 더하면 10이 된다.

생각해 보니, 설명에 지나치게 치우친 나머지 실전 연습을 해 본 지 너무 오래된 것 같다. 이 책은 이론 탐구가 아니라 실전을 위한 책이니, 내게는 충분한 실전 문제를 제공할 의무가 있다. 문제로 직진하자.

$$\sqrt[7]{9493187733}=?$$

① 먼저 근호 안에 있는 수를 N이라고 하자. 그리고 우리가 구하려는 수, 즉 ?에 해당되는 값을 n이라고 해 보자. N의 마지막 자리가 3이므로 n의 마지막 자리는 위의 표에 따라 7이 된다. 모든 준비가 끝났다. 그럼 본격적으로 작업을 시

작해 보자.

② 10의 자리를 비롯해 다른 자리의 값을 구하려면 계산식 하나가 필요하다. 우선 이런 식이 만들어진다.

$$N^{\frac{1}{7}} = n$$

이 식의 양변에 상용로그를 취하면,

$$\frac{1}{7} \times \log N = \log n$$

이 식은 앞으로 진행될 연산의 기초가 될 것이다. 이 식에 이런저런 연산을 덧붙이면 된다. 하지만 덧붙이는 데 한계는 있다. 근호 안의 수 N이 950억에 가까우므로, $9 \times 10^{10} < N < 10 \times 10^{10}$의 범위 안에서 연산을 이어가야 한다. 이 부등식의 각 변에 상용로그를 취하면,

$$10 + \log 9 < \log N < 10 + \log 10$$

앞에서 찾아낸 로그값 $\log 9 \approx 0.954$를 대입해 정리하면,

$$10.95 < \log N < 11$$

각 변을 7로 나누면,

$$\frac{1}{7} \times 10.95 < \frac{1}{7} \times \log N < \frac{1}{7} \times 11$$

맨 처음에 $\frac{1}{7} \times \log N = \log n$ 이라고 했으므로,

$$1.5 < (\frac{1}{7} \times \log N = \log_n) < 1.57$$

이를 다시 정리하면,

$$\log 10 + 0.5 < \log_n < \log 10 + 0.57$$

로그값들이 대략의 근삿값이라는 점을 염두에 두면, $\log 3 \approx$ 0.5이고 $\log 4 \approx 0.57$이라 어림할 수도 있다. 따라서

$$\log 10 + \log 3 < \log_n < \log 10 + \log 4$$

이 부등식은 $\log 30 < \log n < \log 40$과 같은 의미이므로, 우리가 찾는 근 n은 30과 40 사이에 있는 두 자리 수이다. 1의 자리는 이미 알고 있으므로, 답은 37이다. 어마어마해 보이는 문제에 비해서 풀이는 꽤 싱겁게 끝난 셈이라 마음이 한결 편안해진다. 이제 그 편안함의 정점에 더 가까이 가보자.

깜짝 놀랄 만한 추가 문제

우선 어리둥절한 질문 하나로 이야기를 시작해 보자.

어떤 25제곱수가 44자리 수이고 그 근이 3으로 끝난다면, 근의 값은 얼마일까?

이게 도대체 무슨 말일까? 아니 말이 되기는 하는 걸까? 아니면 무슨 방법이라도 있는 걸까? 세상엔 질문의 자유가 있다지만 이렇게 뜬금없는 질문은 해로운 경우도 있다. 우리처럼 마음이 여린 사람들은 이런 질문을 맞닥뜨리면 이내 포기해 버릴 수도 있고, 혹시 우리의 성품이 강인하다 해도 이 질문 앞에선 결국 포기를 선택할지도 모른다. 똑똑하든 노련하든, 누구라도 단념하기 쉬운 질문이기는 하다. 하지만 우리는 끝내 포기하지 않을 것이며 심지어 5초 안에 답을 찾아낼 것이다. 로그라는 무기로 기습 공격을 해서 수학이 만들어내는 특수 효과를 경험해 보자.

① 위에서 연습해 본 대로, 거듭제곱근을 구하려는 44자리 수를 N이라 하고, 그 수의 25제곱근은 n이라 하자. 그러면 N과 n 사이에는 $N^{\frac{1}{25}}=n$의 관계가 있고, 양변에 상용로그를 취하면 $\frac{1}{25}\log N=\log n$ 이다.

② 위에서와 마찬가지로 N의 자릿수에 따른 한계를 부등식으로 표현하면 $43 < \log N < 44$이고, 각 변을 25로 나누면 다음 식을 얻는다.

$$\frac{43}{25} < (\frac{1}{25} \times \log N = \log_n) < \frac{44}{25}$$

근의 1의 자리는 3이라고 질문에서 이미 알려 주었으므로, 거의 다 온 셈이다.
$\frac{43}{25} = \frac{43 \times 4}{100} = 1.72$ 이고 $\log 5 \approx 0.70$인데, $\frac{44}{25} = \frac{44 \times 4}{100} = 1.76$ 이고 $\log 6 \approx 0.78$이므로, $\log 50 \approx 1.70$이고 $\log 60 \approx 1.78$이라는 것을 알 수 있다. 따라서 n의 10의 자리는 5이며, 답은 53이다. 무서운 속도로 답이 나왔다. 5초 안에 풀겠다던 목표에서는 조금 벗어났지만, 그래도 이 정도면 상당히 빠르지 않은가.

이런 방식이라면, 100자리를 넘는 25제곱수의 근을 구하라는 질문을 누가 언제 어디에서 던지든 10초 만에 답을 찾을 수도 있다. 다만 이런 질문을 건넬 사람이 있을 성싶지 않다는 게 문제지만, 아무려면 어떤가!

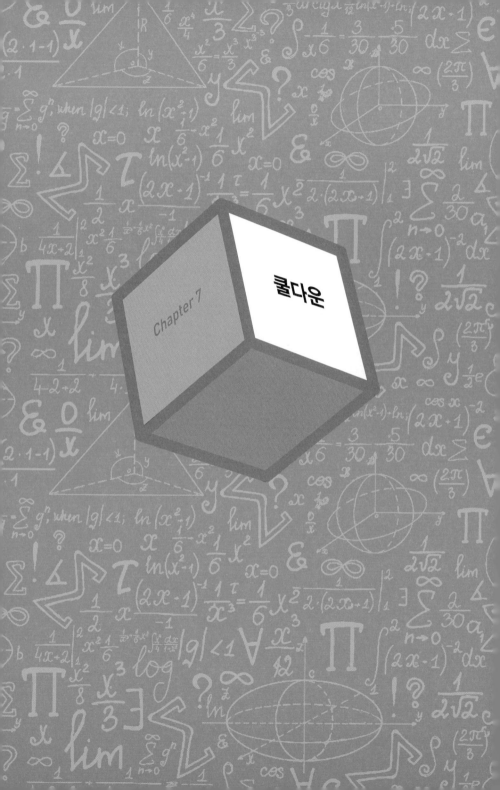

Chapter 7

쿨다운

아무 날짜가 무슨 요일인지 계산하는 방법

— Section 1 —

영국 출신의 작가이자 사진사이며 수학자인 찰스 럿위지 도지슨Charles Lutwidge Dodgson은 루이스 캐럴Lewis Carroll이라는 필명으로 우리에게 더 잘 알려져 있다. 동화《이상한 나라의 앨리스》가 바로 그의 작품이다. 도지슨은 문학 작품뿐 아니라 수학 논문을 쓰기도 했는데, 저명한 과학저널《네이처》에 투고한 논문에서 '임의의 날짜로 요일을 계산하는 방법'을 밝혔다. 그는 이 논문의 서두에서, 이 방법만 있으면 주어진 날짜의 요일을 단 20초 만에 찾아낼 수 있다고 장담했다.

하지만 20초는 좀 길게 느껴진다. 게다가 그가 고안한 방법을 활용하려면 복잡한 과정을 충분히 숙지해야만 한다. 기술을 연습하고 실행하기까지 적지 않은 에너지가 들어가기 때문에, 그의 장담만 믿고 편안했던 마음이 우울해질지도 모른다.

그래서 내가 따로 준비한 게 있다. 루이스 캐럴의 방법보다 현대적이고 실용적이면서 기억하기도 쉬운 데다가 암산으로도 가능한 '요일 계산 레시피'를 소개하겠다. 이 방법은 딱 일곱 단계면 충분하다. 조금 많다고 생각할지도 모르겠지만, 달력에 존재하는 무궁무진한 시간들을 머릿속에 담을 수 있다면 한번 도전해볼 만은 하다. 잘 익혀 두면 일상에서 유용하게 써먹을 수 있다.

시작에 앞서 구체적인 날짜 하나를 떠올려 보자. 나는 2017년의 마지막 날 12월 31일을 골랐다. 이제 일곱 단계를 차례로 따르면 된다.

① 먼저 해를 나타내는 수의 끝 두 자리를 4로 나누고 나머지는 무시한다. 2017의 끝 두 자리 17을 4로 나누면 17÷4=4 나머지 1이므로, 1은 무시하고 몫인 4만 남겨 둔다.

② 이 값에 해를 나타내는 수의 끝 두 자리를 더한다. 4+17=21.

③ 구하는 날짜가 윤년의 1월이나 2월일 경우에는 여기에서 1을 뺀다. 2017년 12월 31일은 해당 사항이 없으므로 이 단계는 넘어간다.

④ 다음 표에 따라 구하려는 해가 속한 세기에 해당하는 수를 더해 준다. 2017년은 2000년대이므로 21+6=27.

1500년대	0
1600년대	6
1700년대	4
1800년대	2
1900년대	0
2000년대	6
2100년대	4
2200년대	2

⑤ 여기에 날을 나타내는 수를 더한다. 27+31=58.

⑥ 아래 표에 따라 구하려는 달에 해당하는 수를 더한다. 12 월이므로 6을 더해 58+6=64.

1월	1
2월	4
3월	4
4월	0
5월	2
6월	5
7월	0
8월	3
9월	6
10월	1
11월	4
12월	6

⑦ 지금까지 더해서 나온 값을 7로 나누고, 그 나머지를 다음

표에서 확인한다. 64÷7=9 나머지 1이고, 따라서 2017년 12월 31일은 일요일.

일요일	1
월요일	2
화요일	3
수요일	4
목요일	5
금요일	6
토요일	0

2017년의 마지막 날이 일요일이라는 결과가 나왔다. 달력을 확인해 보니… 정확하다!

이 알고리즘으로 조금만 연습하면 어떤 날짜를 만나더라도 몇 초 만에 요일을 계산할 수 있다. 직접 해보고 싶어지지 않는가? 그래서 예제를 준비했다. 역사에서 아주 중요하고도 즐거웠던 두 사건이 무슨 요일에 일어났는지 알아보자. 하나는 인류가 처음으로 달에 착륙한 날(1969년 7월 21일)이며, 다른 하나는 베를린 장벽이 무너진 날(1989년 11월 9일)이다.

시간의 순환

흔히 유행은 20년을 주기로 되돌아온다고 한다. 마찬가지로 달
력도 돌고 돈다. 하지만 유행처럼 그렇게 빠르게 반복되지는 않
는다. 달력은 28년마다 되돌아온다. 28년 전의 달력은 그로부
터 28년 후의 새 달력과 똑같은 모양을 하고 있다(다만 세기가 달
라질 때는 그렇지 않을 수도 있다). 위의 계산법을 활용해서, 여러분의
2017년 생일과 2045년 생일의 요일을 확인해 보시라.

수학이 정말 행복의 도구가 될 수 있을까?

───── Section 2 ─────

수학은 정말 두뇌의 행복 호르몬을 샘솟게 할까? 여러분들이 내게 이런 질문을 던진다면, 또는 굳이 묻지 않더라도, 나는 이 책을 통해 이런 말을 전하고 싶었다. 세상에 수학만큼 강렬한 마약은 없다. 내가 아는 한, 수학은 그 무엇보다 자극적이고 흥미진진하며 우리를 그 어느 때보다 행복하게 만들어 준다. 세상에서 수학에 비견할 만한 것은 없다.

이런 상상을 한번 해 보자. 서늘하고 우중충한 11월, 독일 북동부 메클렌부르크포어포메른Mecklenburg-Vorpommern주의 어느 황량한 고속도로 휴게소에 들렀다고 생각해 보자. 그런데 마침 매점 문에 "당분간 영업 안 함"이라는 팻말이 붙어 있다면, 그 순간 우리는 말할 수 없이 허망하고 텅 빈 감정을 느끼게 될 것이다. 하지만 수학은 이런 감정과 완전히 정반대라고 할 수 있다. 수학이 우리에게 선사하는 풍성함을 전달하기 위해 좀 극단적인 상황을 묘사해봤는데, 둘 사이의 차이가 또렷이 느껴졌는지 모르겠다.

지금까지 우리는 곱셈과 나눗셈을 비롯해 거듭제곱근과 로그에 이르기까지 쉽고 빠르게 암산하는 방법들을 살펴보았다. 느리고 복잡한 것보다 신속하고 간결한 걸 선호하는 독자들에게 유익한 시간이었기를 바란다. 이제 이 책도 매듭을 지을 때가 되었다. 물론 아직 다 끝난 건 아니다. 그냥 이렇게 끝내기는 조금 아쉽다. 마지막으로 칵테일 한 잔을 함께 나누며 아쉬움을 달래 보자.

데킬라 선라이즈

TIP

데킬라는 멕시코를 대표하는 음료로, 멕시코의 역사와 문화가 짙게 배어 있는 술이다. 따라서 데킬라는 멕시코 스타일대로 순수하게 즐겨야 한다. 그런데 우리처럼 위도가 높은 지역에 사는 사람들은 데킬라를 있는 그대로 마시는 대신, 대개 데킬라 선라이즈 같은 칵테일로 즐기곤 한다. 데킬라 선라이즈는 특유의 색조 때문에 이런 이름이 붙었다. 노란색과 치자색, 그리고 주황색과 선홍색이 차례로 층을 이루고 있어서, 마치 해가 뜨는 광경을 연상시키기 때문이다.

• 재료 •
데킬라 1, 오렌지 과즙 4, 석류 시럽 1, 오렌지 조각 1, 얼음 조각 몇 개

· 난이도 ·

쉬움

· 만드는 방법 ·

데킬라, 오렌지 과즙 그리고 몇 개의 얼음 조각을 셰이커에 담아 잘 흔들어
준 뒤에, 차갑게 얼린 긴 컵에 혼합물을 붓는다. 석류 시럽을 조심스럽게 넣
되, 젓지 말고 석류 시럽이 얼음 조각을 지나 바닥까지 가라앉을 수 있도록
천천히 부어 준다. 마지막으로 오렌지 조각을 얹어 대미를 장식하면 된다.

이제 맛을 음미해 보자… 태양이 바다 속으로 가라앉을 때까지.
아직 멕시코 고유의 정취가 느껴지지는 않는다. 이럴 때 냉장고 자석이나 솜
브레로Sombrero 모자에 적혀 있을 법한 멋진 문구라도 하나 떠오르면 좋을
텐데… 적당한 문장이 생각나지 않는 데다 나는 멕시코 말을 하나도 모른다.
아쉬운 대로 라틴어로 된 다른 문장으로 대신해야겠다.

"Quidquid latine dictum sit, altum videtur."
라틴어로 하는 말은 모두 의미심장하게 들린다.

과연 이 문장이 일주일 넘게 머릿속에 남아있을 수 있을까? 아니면 단 하루라
도? 나도 장담은 못한다. 하지만 어쨌든 나도 시도는 하고 있다. 그럴듯한 문
장을 기억해 두면 여러 모로 유용하다. 적절한 타이밍에 외워둔 문장을 써먹
으면 분위기를 고조시킬 수 있다.

감사의 말

먼저 C.H.벡 출판사와 담당자들에게 감사의 인사를 전하고 싶다. 그들과 함께 협업을 한 지도 벌써 십 년이 넘었다. 매번 기꺼이 출판 작업에 힘써 준 그들이 있었기에 그동안의 내 책이 무사히 세상에 나올 수 있었다. 특히나 편집 및 교정을 맡은 슈테판 볼만 박사에게 깊은 감사를 표한다. 그의 탁월한 원고 교정과 충분한 지원 덕분에, 이 책이 출판되기까지의 모든 과정이 순조롭게 진행될 수 있었다.

더불어 나의 아이디어를 멋진 삽화로 옮겨 준 알렉스 발코에게 진심으로 고마움을 전한다.

또한 책에 삽입된 삽화 및 말풍선을 구체화하는 데 도움을 준 블라드 사수에게도 진심 어린 감사를 전하고 싶다.

마지막으로 나의 가족, 안드레아 룀멜레와 한나 헤세 그리고 렌나르드 헤세에게 말로 다 표현할 수 없을 만큼 크고도 깊은 감사의 마음을 바친다.

바티아Bathia, D., 《베다 수학으로 쉽게 풀기Vedic Mathematics made easy》, 제이코Jaico, 뭄바이, 2015.

브릴리언트Brilliant, A, 《오늘은 구름 위로 갈 거야, 그리고 내일은 산을 오를 거야I'm Just Moving Clouds Today, Tomorrow I'll Try Mountains: And Other More or Less Blissfully Brilliant Thoughts》, 우드브릿지Woodbridge Press, 샌타바버라, 1998.

커틀러Cutler, A., 《트라첸버그의 스피드 기본 수학The Trachtenberg Speed System of Basic Mathematics》, 수비니어Souvenir Press, 런던, 2015.

담벡Dambeck, H., 〈1을 크게 만들어 주는 0들Nullen machen Einsen groß〉, 슈피겔 온라인Spiegel Online, 2013.

핸들리Handley, B., 《스피드 수학Speed Mathematics》, 존 와일리 & 선즈John Wiley & Sons, 밀턴, 2014.

헴메Hemme, H., 《아침에 먹는 수학. 수학적 수수께끼와 상세한 해답Mathematik zum Frühstück. Mathematische Rätsel mit ausführlichen Lösungen》, 반덴획 & 루프레흐트 Vandenhoeck & Ruprecht, 괴팅겐, 2003.

헤세Hesse, C., 《카페에서 읽는 수학Math up your Life》, C.H.벡C.H.Beck, 뮌헨, 2016.

홈즈Holmes, R., 〈마술 정사각형의 마술The magic magic square〉, 《매서매티칼 가제트 Mathematical Gazette》, 54쪽, 376쪽, 1970.

켈리Kelly, G. W., 《수학의 지름길Short-Cut Math》, 스노볼Snowball Publishing, 텍사스, 1984.

랭글리Langley, E. M., 〈풀이: 1에서부터 72를 2739726과 곱한 값들의 모든 자리의 합은 36 Solutions: The sum of the digits of every multiple of 2739726 up to the 72nd is 36〉, 《매서매티칼 가제트Mathematical Gazette》, 1쪽, 7쪽, 17~21쪽, 1896.

미트링Mittring, G., 《세계 챔피언과 함께 계산하기Rechnen mit dem Weltmeister》, 피셔 Fischer Taschenbuchverlag, 프랑크푸르트, 2011.

나가라Nagara, P. N., 〈풀이〉, 《아메리칸 매서매티칼 먼슬리American Mathematical Monthly》, 58쪽, 700쪽, 1951.

포여Pólya, G., 《사유의 학교. 수학 문제를 푸는 방법Schule des Denkens. Vom Lösen mathematischer Probleme》, 프랑케Francke Verlag, 튀빙겐, 1995.

티르타지Tirthaji, B. K., 《베다 수학Vedic Mathematics》, 모틸랄 바나르시다스Motilal Banarsidass Publishers, 델리, 1990.

보는 즉시 문제가 풀리는 '3초 수학'의 힘
하버드 수학 박사의 슬기로운 수학 생활

1판 1쇄 발행 2020년 5월 27일
1판 2쇄 발행 2020년 10월 26일

지은이 크리스티안 헤세
옮긴이 장윤경
펴낸이 고병욱

책임편집 김경수 **기획편집** 허태영
마케팅 이일권, 한동우, 김윤성, 김재욱, 이애주, 오정민
디자인 공희, 진미나, 백은주 **외서기획** 이슬
제작 김기창 **관리** 주동은, 조재언 **총무** 문준기, 노재경, 송민진

펴낸곳 청림출판(주)
등록 제1989-000026호

본사 06048 서울시 강남구 도산대로38길 11 청림출판(주)
제2사옥 10881 경기도 파주시 회동길 173 청림아트스페이스
전화 02-546-4341 **팩스** 02-546-8053

홈페이지 www.chungrim.com
이메일 cr2@chungrim.com
페이스북 https://www.facebook.com/chusubat

ISBN 979-11-5540-168-2 03410